你所以为的巧合，都是拼命努力的结果

刘济川◎编著

中国纺织出版社

内 容 提 要

现代社会的生活节奏越来越快，生存压力也越来越大，职场上的竞争更是日益激烈。为此，很多人都陷入焦虑不安之中，不知道如何面对这个纷繁复杂的时代，才能让自己得到梦寐以求的成功和幸福！

本书以心理学知识为基础，从自身努力的角度出发，告诉人们任何成功都不是一蹴而就的，而是人生不懈努力和坚持付出的结果。书中从人生的各个细节，为读者朋友们解开心结，让人们更加心甘情愿地付出努力，从而距离成功越来越近，直到最终获得成功。

图书在版编目（CIP）数据

你所以为的巧合，都是拼命努力的结果／刘济川编著.
—北京：中国纺织出版社，2017.1
ISBN978-7-5180-3116-0
Ⅰ.①你… Ⅱ.①刘…Ⅲ.①成功心理-通俗读物
Ⅳ.①B848.4-49
中国版本图书馆CIP数据核字（2017）第296872号

责任编辑：闫　星　　特约编辑：李　杨　　责任印制：储志伟

中国纺织出版社出版发行
地址：北京市朝阳区百子湾东里A407号楼　邮政编码：100124
销售电话：010—67004422　传真：010—87155801
http：//www.c-textilep.com
E-mail：faxing@c-textilep.com
中国纺织出版社天猫旗舰店
官方微博http：//weibo.com/2119887771
三河市延风印装有限公司印刷　各地新华书店经销
2017年1月第1版第1次印刷
开本：710×1000　1/16　印张：15
字数：200千字　定价：36.80元

前言 / preface

无数人生的经验告诉我们，一切伟大的功绩并非从天而降，而是在不断地付出和坚持之后，才能水到渠成地得到。很多人在人生之中无数次庆幸，庆幸自己终于得到如愿以偿的工作，甚至迎来了期盼已久的爱情。其实，这并非是命运之神眷顾你，而是你的努力使你变得幸运，使你得到赏识。至于爱情，你之所以能在对的时间遇到对的人，完全是因为你始终坚守，从不让所谓的爱情泛滥。等待，总归是值得的。人生恰恰也如一场等待，当你顺遂如意的那一刻，你会发现你所谓的巧合与好运，实际上都是你点点滴滴的努力和付出才得到的。

这个世界上，从未有不劳而获和一蹴而就的成功。不管有多少人整日对命运表达不满，命运之河流依然按照原计划往前流淌，从不会因为你的失望，它就会多照顾和偏袒你一些。因而，与其抱怨出身卑微，长相丑陋，也没有得天独厚之处，不如从现在开始就非常努力，不放过每一个成功的机会。当我们远远地看着他人的成功，看着他人在光环的照耀下魅力四射，不要盲目地羡慕，因为一切的成功都不是无缘无故的。你只看到别人享受成功的喜悦，而没有看到别人在此之前的不断付出和努力坚持。

在这个越来越功利的时代，越来越多的人把一切付出都与收获挂钩。哪怕是为了自己的付出，他们也恨不得马上看到成果和回报。殊不知，有些付出未必有收获，有些收获未必是在现在。也许有人会因此而不愿意付出了，他们只想做看得到实际好处的工作。然而，如果你不付出，你就会错失一切机会，包括哪怕只有一点点成功的可能性。所以，不要再执迷不悟下去了，不管有没有回报，或者不管现在能否看到立竿见影的效果，除了付出，我们别无选择。很有可能在未来的某一天，你在人生中突然有了惊喜地发现，而你则恍然大悟，哦，原来这是我曾经种下的因，所以才能欣喜地收获了果！

不管我们是浑浑噩噩地生活，还是精于算计，命运之河流都将我们带往通向成功的路上。曾经，你与成功的机会擦肩而过；曾经，你离成功只有一步之遥。就让我们时刻做好准备吧！当你做足准备，万无一失地迎接未来，你终有一天会发现，原来你所以为的一切巧合，都是曾经不懈努力的结果！加油吧朋友们，未来终将属于努力不放弃的你！

编著者

2017年2月

目 录 / contents

第01章

与其嫌生活残酷，不如先清醒地看看这个世界

在生活之中，很多人都在抱怨现实的残酷和社会的冷漠无情，殊不知，现实和社会未曾改变，这一切只是因为你自始至终没有清醒地认识这个世界。除了父母会不计成本、不顾一切地为我们付出，在这个世界上，谁还会如此对待我们？但是，我们却不能因此就怨声载道，这么做除了让我们心绪更糟之外，对我们没有任何好处。

理想很丰满，现实很骨感

世界上的万事万物，都随时处于千变万化之中。既然我们生存着，就必须顺应形势的变化及时变通，千万不要一条路走到黑，最终逼迫得自己无处可逃。事实上，很多人都觉得自己的生活枯燥无味、寡淡无聊，只是因为他们缺乏改变，也导致生活永远没有新意，渐渐地也就失去了蓬勃的生机。

一朵花儿，要想绚烂地绽放，必然要经过漫长地等待和长久的力量积蓄，更何况是我们要实现人生的远大理想呢？和那些生而没有理想，总是随波逐流的人相比，有理想的人无疑是幸福的，因为他们至少知道人生的方向在哪里。然而，有理想的人如果有着执念，也就是痛苦的。很多人一门心思地朝着理想奔去，不管外界的环境如何改变，都不知道自己也应该顺势而为，最终使自己痛苦不堪。实际上，变通在任何时候都是需要的。学生学习的过程要不断摸索，根据自己的特长和学习情况，及时调整战略目标，找到最合适的方法；职场人士在为了伟大目标奋斗时，同样应该根据瞬息万变的情势做出改变；如果你原本准备去滑冰，但是天却下起大雨，那么你不如留在家里捧一本小说静静地读……生活无时无刻不在改变，我们也应该随时改变。

每个人的理想都极尽远大，每个人的理想都无比丰满，然而，现实并不能让我们如愿，我们总是遗憾地发现理想很丰满，现实更骨感。在苍白无力的现实面前，执着于理想反而会让我们更加无助。当生存成为一种切实的压力，不如先解决最实际也是最基本的问题，这样你才能更好地生存下来。所谓留得青山在，不怕没柴烧，说的应该就是这个道理。

在一个偏僻的小村庄里，电闪雷鸣，倾盆大雨瓢泼而降。眼看着村子已经快要被洪水淹没了，村里人开始急急忙忙地撤离，政府也派出救援的官兵赶来帮助村民们一起共渡难关。然而，神父却始终跪在教堂里，固执地不愿意离去。尽管救援的官兵几次请求他离开，他却固执己见地说："不，上帝不会抛下我的，上帝一定会回来救我的。"就这样，洪水越来越肆虐和凶猛，村里的人几乎已经撤退完了，只剩下神父跪在教堂里。官兵再次努力，想要劝说神父与他们一起离开。神父依然坚定不移地说："我与上帝同在，仁慈的上帝不会不管我的。"洪水的水位越来越高，神父不得不爬到教堂顶上，紧紧地抓住十字架。这时，有一架救援的直升飞机路过，看到神父后赶紧抛下救生绳，然而神父却摆摆手，喊道："上帝会来救我的，你们先去救其他人吧！"直升机上的救援人员喊道："这是你最后的求生机会啦！"神父依然坚定不移地拒绝了。

洪水冲破堤岸后一下子就把神父冲走了。神父见到上帝后抱怨道："上帝啊，我是那么信任你，你怎么能见死不救呢！"上帝无奈地说："你如此固执，不知道变通，是你自寻死路啊。我先是派了那么多人去救你，你却接连几次拒绝。我以为你害怕坐救生艇，就又派了一架飞机去救你，你却依然执迷不悟。"神父恍然大悟："原来你真的去救我了！哎，可惜我太愚钝了，没有领会你的神旨。"神父懊悔不已，事情却再也没有挽回的余地。

在这个事例中，神父对于上帝的信奉和敬仰，就像是人们对于理想的执着。然而，神父所不知道的是，上帝已经运用不同的方式两次挽救他于肆虐的洪水，是他自己一次又一次地拒绝了上帝伸出的援手。在人生之中，有很多人都这样执着于理想，一旦认准目标，就永不放弃。当然，这样的坚持是非常值得我们钦佩和学习的，然而变通却是更重要的。

机遇遍布人生路，我们唯有更好地抓住以各种方式出现在我们眼前的好机会，才能真正实现更好地发展。比如，很多医学院的学生毕业之后，以为自己注定一生都是个好医生，却有可能在机缘巧合下改行之后成为成功的商人；有的师范院校毕业生曾经以为自己会成为为三尺讲台奉献终生的好老师，却因为意外的改变而到大城市打拼出属于自己的天地，最终在销售行业崭露头角。就像马云，他曾经也是一名师范毕业生。正是因为勇于变通，在残酷的现实面前不断调整自己的理想，最终创造出属于自己的神话王国。总而言之，生活每时每刻都在改变，我们也必须随时顺势改变，这样才能跟得上时代发展的脚步，也才能帮助自己更合节拍地发展。

理想很丰满，现实很骨感。在充满骨感的现实之中，你是先生存再发展，还是一味地盯着如空中楼阁、海市蜃楼般的理想，仓皇地度过宝贵的青春时光？相信聪明的你，一定能够做出正确的选择。

舍得舍得，懂得取舍活得从容

在深海里，有一种非常美丽的鱼，它有漂亮的大眼睛，看起来就像是游弋在海洋中的小精灵。这种鱼叫马嘉鱼，每到春夏之交，就会跟着海浪游到靠近海岸的浅水区产卵。这种鱼虽然看起来像精灵，实际上非常愚钝，它们总是不知道变通，因而渔民常常在马嘉鱼来到浅海的时候，轻而易举的就能抓住它们。渔民们是如何捕捉马嘉鱼的呢？方法简单极了，听起来简直让人难以置信。他们事先准备好空隙比较大的障碍物，就像人们平时生活中使用的竹帘或者木帘，只不过其空隙要稀疏一些，然后他们把帘子的一端坠上铅坠或者铁块，使其在海水中保持直立状态。之后，他们用两只小船拖着帘子行进，以拦截马嘉鱼群。原本，很多鱼在遇到障碍物的时候都会掉头，改变行进方向，但是马嘉鱼却有着超强的个性，它们不但不会拐弯，反而继续勇往直前地行进。最终，它们接二连三地钻进竹帘的缝隙中，竹帘的缝隙紧紧地锁住了它们。这反而更加激怒了马嘉鱼，它们更加不顾一切地朝前冲，奋不顾身的样子。就这样，渔民轻而易举的就能捕捉到很多的马嘉鱼。

马嘉鱼的个性，在我们之中的很多人身上也有所体现。当然，对于理想的执着是值得赞许的。但是，我们不能因为执着，就忽视了外界环境的改变，最终导致自己壮志未酬身先死。很多人在生活中都有执念，例如现在的很多爸爸妈妈们，不管孩子是否是学习的那块料，都顽固地逼迫孩子学习，甚至为此忽视了孩子的身心健康，最终酿成恶果。在生活中也有很多人体现出极度的性格偏执。例如有些人羡慕别人住大房子，也就不顾自己的家庭条件非要与别人攀比，最终因为爱慕虚荣导致家庭变得支离破碎。这些极端的事情，都是因为不懂得舍得导致的。

一直以来，我们太信奉坚持到底就是胜利的理念了。为此，我们执着于名利权势，丝毫没有意识到宝贵的生命在钩心斗角中悄然溜走。等到日暮西山时，即使幡然悔悟，也已经为时晚矣。人生，永远没有后悔药。我们必须扪心自问，清楚地了解自己想要什么，才能最终获得幸福。

作为一名经验丰富的销售人员，李渡在工作上的表现总是能够得到领导的赏识和赞许。大多数销售行业都是以业绩论英雄的，而李渡的业绩在公司里始终名列前茅。这不，经过领导们讨论决定，提升李渡为华东地区的销售负责人。华东地区是公司刚刚开发的新业务区，因而李渡深深感到自己肩膀上的担子沉甸甸的。然而，一想到整个华东地区的销售额一旦提高，就会丝毫不逊色于公司扎根的华北地区，李渡似乎已经看到了自己带领华东地区与华北地区销售团队的业绩同样出众，不由得激动万分。

新官上任三把火，李渡在走马上任后不久就给华东区大换血，还因此得罪了好几个人。原本公司批准李渡每个月回家五天，但是李渡上任之后的前三个月，始终没有离开华东销售点半步。他夜以继日地工作，也因为同行业竞争激烈，销售市场的局面打开得并不顺利。李渡的妻子实在放心不下他，特意从北京坐动车到上海看望李渡。当第一眼看到李渡时，他妻子不由得大吃一惊：短短三个月的时间，李渡像是老了好几岁，两鬓都斑白了。李渡把妻子送到自己住的地方，马上就又回到办公室，直到深夜才回来。妻子劝说李渡不要这么拼命，李渡却不以为然，坚持说："我必须借此机会给自己扬名，否则以后就再也没有这样的好机会了。"然而，华东地区的情况和华北还是有很大不同，再加上李渡是土生土长的北方人，也不太了解华东地区的情况，销售局面始终不容乐观。又是半年过去了，华东区域的销售情况依然不好，最终总公司决定调回李渡，派另一个负责人去华东地区继续开展工作。李渡得知这个消息后非常懊恼，一气之下居然生病了。这时，妻子埋怨他说："你呀，你呀，真是不见棺材不落泪。要不是去了华东，你现在在华北职位怎么也能提升一级了，这么成熟的市场，不比去外面打天下好！你看看，就是你离开之后给了张华机会，否则你要是还在，哪里轮得到他成为华北地区的销售负责人！"李渡也很懊恼，觉得自己错失了好机会。

在这个事例中，李渡愿意去华东地区打拼，其实是有着长远眼光的。但是，作为土生土长的北方人，李渡显然对于华东市场缺乏了解，尤其是消费者的脾气秉性和消费习惯，也并非他短时间内就能弄清楚的。而恰恰是因为这段时间的离开，李渡还失去了在华北千载难逢的晋升机会，因而未免会郁郁寡欢。

实际上，每个人在生活和工作中都面临着各种各样的选择。有些人心胸豁达，很能看得开，因而不会因为得失纠结苦恼。相反，有些人则心思细腻，而且占有欲强，不管什么事情都想拔得头筹，最终反而导致什么好处都没捞着，则更加郁闷。坚持，的确是我们实现梦想的必要条件，然而，坚持也是要分情况的。为了不切实际的坚持而错失更好的机会，结果让人更加失望。当认清自己心中真正在乎和想要的是什么之后，我们就应该做到果断放弃影响自身发展的事物。很多情况下，放弃也是一种得到，是一种人生的大智慧。我们不可能面面俱到地活着，只能重点抓住生活的某几个方面。因而，只有放弃，才能让我们把有限的精力投入到更重要的事情中去，从而及时改变方向，重新规划未来。

人人都奢望美好，你要清楚自己的资本

对于未来，每个人都有非常美好的憧憬，也有着远大的理想。这一点毋庸置疑，也无须掩饰。难道会有人说自己不奢望未来很美好吗？当然不可能。然而，为什么有些人总是能够无限接近于自己所认为的成功，甚至是很轻而易举或者在历经艰辛后获得了成功，而有的人却总是距离自己的梦想无限遥远呢？这是因为，他们之中有些人理智地认清了自己的情况，做到扬长避短，脚踏实地地展开行动，而有些人却总是好高骛远，最终成为不折不扣的空想家，永远让理想停留在空想阶段。

举个最简单的例子，在大学毕业季，有无数的大学生走出校园、涌入社会，他们之中不乏心比天高者，觉得自己数年寒窗苦读，现在一朝学成，一定能够成为社会上抢手的人才，能得到很多用人单位的争相追捧。然而，参加了几场招聘会下来，他们尽管已经发现了现实很残酷，却始终不愿意改变自己，依然坚定不移地相信自己一定能够等来伯乐的赏识，大显身手。最终的结果是什么呢？他们在很长时间内都没有找到工作，因为他们看得上的工作却得不到，他们看不上的工作即使得到了也不愿意迁就。相比这些心比天高、命比纸薄的大学生，还有些大学生则显得更加务

实。虽然他们在象牙塔里也曾幻想着自己毕业以后能成为出入写字楼的光鲜亮丽的白领，但是现实却告诉他们自身的梦想太丰满。当被用人单位告知试用期的薪水只有2000多元，即使转正之后也只有3000多元时，他们选择了接受。因为他们知道，对于只有一纸文凭，而没有任何工作经验的他们而言，根本没有足够的资本作为筹码与用人单位谈判，只能先生存再发展。因此，他们选择脚踏实地地面对现实，走出属于自己的人生之路。

曾经，学习历史专业的杜威最大的梦想就是成为一名教师，把历史的雄壮画卷展开在学生们面前。他也的确按照自己梦想的指引，在大学毕业后去了一所高中当历史老师。虽然他博学多才，对于历史如数家珍，但是学生们却很不喜欢听他的课。原来，他虽然专业能力超强，却缺乏趣味。而对于对历史本身并没有特殊兴趣的学生而言，听一堂枯燥乏味的历史课简直是种折磨。为此，一到历史课学生们不是偷偷看课外书，就是伪装成听课的样子睡觉，看着讲台下乏味的眼睛，他也觉得兴致索然。他对历史的热情没有改变，他教书育人的梦想也不曾褪色，但是思来想去，他最终决定辞职，因为他知道自己永远无法成为一名受欢迎的历史老师。他一向不苟言笑，一向严肃认真，根本无法把学生们带入生动有趣的历史之中。

后来，杜威去了一家房地产公司当推销员。同样是沉默寡言，但是文质彬彬的他却给客户以沉稳踏实的感觉，再加上他学识渊博，出口成章，而且还能从很多历史事件的角度进行深入讲解，这给了客户们非常好的购房体验。最终，他的销售业绩越来越好，如今他已经成为公司的金牌销售员，并且担任公司的销售总监。偶尔，他还会去策划部客串，尤其是当要设计有历史风格的楼盘项目时，他简直就是设计师的顾问啊！现在的杜威，事业做得风生水起，而且性格也变得乐观开朗。他常常说：“虽然我曾经的梦想很高尚，是人类灵魂的工程师，但是我遗憾地发现自己并不适合那个职业。这才让我有机会进入现在的行业，并且真正发挥出自己的所长，也彻底改变了我的命运。在这里，我很清楚地知道我所有的长处都能发挥出来，这让我无比自信。”

从历史老师，到销售冠军，再到销售总监，再到策划部的顾问，杜威的人生历程不可谓不传奇。也许有人会觉得他的发展轨迹跨度过大，实际上人生就是这样处处充满奇迹。你所以为的很多事情，也许并不能通过现实的检验。在这种情况下，我们就要学会改变。我们首先要了解自己的资本，因为资本决定了我们能在哪条路上走多长；我们还要学会利用自己的资本，这样才能扬长避短，取得最大限度的发展。

很多人之所以始终与成功无缘，并非他们能力不够或者有所缺陷，而只是因为他们给自己定错了目标。很多你理想中奢望的美好，并不能得到现实中天时地利人和的实现，因而，当穷途末路时你就要扪心自问：“我该何去何从？”任何目标不管有多么伟大，一旦无法实现，就是失败的目标。因而，在制定人生目标之后，我们最重要的就是在现实中检验目标的合理性、可行性，从而帮助自己更好地实现人生规划。

人生不如意十之八九，你要接受

当婴儿呱呱坠地，开始哭泣时也许就是因为他知道自己在未来的人生中要面对很多不如意吧。当你因为人生的诸多不如意而抱怨时，不如想一想：“这些不如意恰恰是人生的本来面目，正是你理所应当接受的。”换个角度来思考，世界上的事物是由相对论组成的，没有丑就无所谓美，没有痛苦就无所谓快乐，没有不如意也就无法显现出一帆风顺时的春风得意。从这个角度来说，我们更应该坦然接受人生的不如意，因为它不但是人生的本来面目，也是我们能够品味到人生甘甜时不可缺少的背景。因而，我们必须坦然接受人生的不如意。

很多人都因为不如意而郁郁寡欢，岂不知这么做的结果除了更加使你远离快乐之外，丝毫也不能改变不如意的现状。相反，也许原本还不那么糟糕的事情，却因为你的悲观绝望，使自己变得更加沉沦。佛教里讲究“无常”，意思就是说，人生的很多事情都在不断地转化之中，坏事有可能变好，好事也有可能变坏。所以古人云，“福祸相依”。既然不如意的本质是无法改变的，我们与其悲苦地度过每一天，不如乐观地面对，让自己享受积极的人生。这样，那些不如意就会变得不值一提，甚至因为自身心态的不同而消失得无影无踪。

战国时期，年迈的塞翁带着家人一起住在遥远的边塞。因为地广人稀，塞翁养了很多马。有一天，塞翁放马回来，发现有匹马不见了。在当时，丢失一匹马是很严重的损失，因而邻居们全都闻讯赶来安慰塞翁，让他不要因为丢失一匹马过度伤心，伤害身体。不承想，塞翁却不以为然地说：“丢了一匹马有什么关系，也许反而是件好事呢！”听了塞翁的话，大家都以为他伤心过度昏了头，或许只是为了面子故意不以为然，全都在心里暗暗嘲笑这个倔老头。然而，几天之后，那批丢失的马回来了。最让人高兴的是，那匹马还从塞外带来了一匹骏马。得到这个喜讯后邻居们又纷纷赶来恭喜塞翁，说：“您老人家可真有远见啊，居然能预见到这匹马不但自己会回来，还能带一匹骏马回来。您的运气真好，真是财旺啊！”不承想，在邻居们的祝贺声中，塞翁非但没有表现出高兴的样子，反而愁眉苦脸地说：“平白无故多了一匹马，谁知道是好事还是坏事呢？也许会带来什么祸患呢！”邻居们心中暗想：“你这个老头子，一定是故意装作不高兴的样子，大概是怕别人嫉妒吧！”

几天之后，塞翁的独生儿子骑着塞外的骏马出去游玩，没想到那匹马性格刚烈，很难驯服。到了野外之后，居然猛地站立起来，把塞翁的儿子重重地摔到地上，使其摔断了腿。发生这样的事情可不得了，邻居们都去安慰塞翁，让他不要心急，等着孩子慢慢康复。但让他们更感惊讶的是，塞翁面色平静地说："摔断了腿没关系，至少命保住了。也许，这件事情还能给他带来福气呢！"大家都以为塞翁又在胡说八道，因为他们无论如何也想不出摔断了腿有什么好的，居然还能带来福气。不久，为了驱赶入侵的匈奴国家开始征兵，所有符合条件的年轻人都必须上战场。然而，塞翁的儿子因为腿摔断了，无法走路，躲过了征兵。在那次残酷的战争中，很多年轻人都失去了宝贵的生命，塞翁的儿子却能好好地活着。

这个夏天雨下得很大，很多地方都发生了水灾。张婆婆居住的小村庄因为决堤，一下子就被水给淹了。由于张婆婆家的泥屋年久失修，在洪水中很快就倒塌了。当洪水退去，张婆婆回到破败不堪的家时，不由得失声痛哭。这时，住在县城里的女儿闻讯赶来，张婆婆向女儿哭道："好好的房子，说塌就塌了，以后的日子该怎么过啊！"女儿一边安慰妈妈，一边不以为然地说："妈，人活着不就是最好的事情吗？要是当时你在屋子里，后果可不堪设想。况且，你这屋子早就该拆掉重建了。这下正好，听说国家会给一部分补贴，我再和弟弟张罗下，凑点儿钱，给你重新建成砖瓦房，岂不是很好吗？"听了女儿的话，张婆婆的心情才好些。

塞翁虽然失去了一匹马，但是却并不觉得那一定就是灾祸；后来，他又平白无故地得到了一匹马，却也并没有因此而高兴；在独生儿子因为骑马摔断了腿之后，他居然不伤心……不得不说，这些反常的表现都是塞翁的邻居们所不能理解的。其实，塞翁只是看透了这些事情，因而觉得福祸相依，任何事情的发展都是无法预测的，所以无须过于悲伤或者欢喜。果然，塞翁的儿子因为摔断了腿，躲过了征兵，最终保住了性命。对于这些高兴或者悲伤的事情，塞翁全都无一例外地坦然接受，不得不说他是人生的智者。在第二个事例中，张婆婆的泥屋倒塌了，她很伤心，不知道日子如何过下去。但是她女儿的一番话显然起了积极的作用，而且说正好借此机会给她妈妈盖新房，从乐观地角度安慰了她妈妈那颗忐忑不安的心。

生活中有一部分人不管思考什么问题，都会从积极的角度出发，非常乐观。他们内心坚强，即使遇到灾祸，也能坦然面对。相反，另一部分人是和张婆婆一样的悲观主义者，面对灾祸降临总会悲观绝望，使生活充满沮丧。需要注意的是，人生的态度往往能够决定人们的命运。因而，我们必须采取积极的态度应对人生的很多不如意，把命运握在自己手里，这是我们每个人都应该做到的。

失败是成功之母，是通往成功的阶梯

有谁能够获得成功是一蹴而就的，却从来不曾失败过？相信这个世界上绝没有任何人是与失败绝缘的。大多数人在通往成功的路上，都曾遭遇过无数次失败，因为失败是成功之母，是通往成功的阶梯。如果你面对失败能够积极地总结经验，那么你就会发现，每一次失败过后，你都距离成功更近了一步。然而，如果你面对失败只知道沮丧绝望，那么失败对于你将会失去所有的促进作用。如此一来，失败只会使你垂头丧气，而根本不会帮到你。

如果你有过在海上航行的经验，你就会发现，当在海上突然遇到狂风暴雨时，最重要的不是改变航向来躲避危险，而是继续乘风破浪勇敢前行。因为在茫茫的大海上，你根本找不到可以藏身的地方，你只能勇往直前。通常情况下，一个成功者的成功轨迹很少是直线。大多数成功者在成功之后回头去看，无一例外地会发现自己的成功轨迹是弯曲的曲线，甚至是螺旋形上升的循环线。这就对了。这就是成功的规律，成功不能一蹴而就，大多数成功者都会不断遭遇波峰与波谷，或者不停的从失败中汲取经验和教训，然后重头再来，但是之后每一次的起点都比上一次会有所提高。“以迂为直”是古人早在1000多年前就给我们留下的宝贵经验。

作为大名鼎鼎的书法家，其实起初他只是非常热衷于写作的文学爱好者。他从小就特别喜欢看书，尤其喜欢徜徉在文学的海洋里。因此，他从很小的时候就开始写作，从短短的习作开始，到长大之后的长篇创作，尽管他一直没有得到世人的认可，却从未动摇过自己的理想。就这样，在十几年的时间里，他几乎每天都雷打不动地完成1000字的写作。每次写完之后，他还会精心地润色、修改，力求尽善尽美。然而，每当他满怀希望地投稿到出版社之后，等待他的不是被人拒绝就是石沉大海。就这样，他也从未气馁。直到有一天，他欣喜地接到了一封出版社的回信，打开一看却是一封言辞委婉的退稿信。原来，这封退稿信是他多年来坚持投稿的那家出版社的编辑寄给他的，该编辑在信里委婉地说道："你是我所知道的人中最努力上进的青年，不过我必须告诉你的是，你其实并不适合写作。因为你的知识面很狭窄，所以导致你的作品也显得苍白无力。不要沮丧，我还有个好消息要告诉你，那就是从你坚持多年的来稿中，我发现你的钢笔字越来越苍劲有力……"。放下该编辑的信，他如同拨开迷雾见到阳光。他当即决定从此以后只把写作当成业余爱好，而开始练习钢笔字。果不其然，他的钢笔字进步很快，不久他就开始在书法界崭露头角，成为了众人瞩目的书法家。

一个人的成功需要天时地利人和，更需要找对方向，积累经验。在这个事例中，他原本是个写作爱好者，并且对于写作不仅有着极大的热情而且十分执着。因此，他在十几年间始终不间断地创作、投稿，最终感动了一名出版社的编辑，给他回复了一封言辞委婉的退稿信，使他恍然大悟——自己成功的方向应在书法界。不过，他十几年如一日地创作显然也为他的成功奠定了基础。正是因为他对每一篇习作的珍视，才使得他无比认真地写好每一个字。

对于创作上的失败，他毫不气馁，更没有因此沮丧绝望。当别人给他指明方向，他毅然"弃暗投明"，决定把写作当成业余爱好，而奔向更加光明的前途。

成功的道路迂回曲折，不但是因为我们要学会改变方向，更是因为我们要学会总结经验以提升自己的高度，帮助自己逐步接近成功，从而才有可能真正实现梦想。

人，贵在有自知之明，贵在有自省的能力；能够在激流勇进中果断改变方向，是大智慧，具有决断能力；能够在失败的打击中看到希望且创造无限可能性的人，才是真正的强者。有的时候，我们在失败中迂回，在通往成功的道路上摸索前行，恰恰是为美好的未来奠定坚实的基础。

面对残酷的现实，改变才是王道

有些人总是抱怨命运的残酷，却从未想过应该从自身出发勇敢求变，这样才能让一切的不如意都随之改变；还有些人狂妄自大，总是自我感觉良好，以为自己就是世界的主宰。其实在茫茫宇宙中，人连一粒沙都算不上，又如何能让一切都顺遂人意呢？！还有些人拥有远大的理想，恨不得藐视所有人，殊不知自身很平庸。当你没有实现自我价值，又谈何能打扫天下呢？任何远大的理想和梦想，都要落实到实处，才能真正地变成现实。一屋不扫，何以扫天下？不管梦想多么高远，最终都要汇聚点点滴滴的付出。

当你注视着镜子里那个最熟悉也是最陌生的自己，是否会生出些许惆怅？我们自以为是地过了许多年，却蓦然发现一切其实并不在我们的掌握之中。实现梦想，从改变自己开始，刻不容缓。

一条小河哗啦啦地从高山上奔腾而下，它非常努力，永不停息，穿过了森林，流过了草地，环绕过村庄，最终来到了一片荒瘠的沙漠。小河很高兴地想："太好了，我终于历经坎坷来到了广袤的地方。我一定能够很快地穿过沙漠，与大海会聚。"想到这里，小河高兴地笑起来，毫无防备地朝着沙漠奔腾而去。突然间，它感到自己的身体变得越来越小，原来它被干旱的沙漠吸收了。不管它怎么努力，都无法成功地摆脱泥沙的困扰，它渐渐地绝望了。

看到小河伤心的样子，沙漠缓缓地说："微风轻轻地就能吹走我，你也应该可以。"听到沙漠的鼓励，小河依然伤心欲绝地说："但是，我很快就会干涸，消失在泥沙里。"沙漠坚定地说："只要你愿意，你一定可以找到更好的方式，保存你自己。"沙漠里的骄阳很快就使河水蒸发，小河惊讶地发现自己的一部分身体变成了水蒸气，漂浮在空中。它欣喜地喊道："有了，我可以变成水气，跟随微风飘过去，这样泥沙就无法吸干我了。但是，这样我还是我吗？"沙漠笑着说："等你飞过沙漠，你还可以变回原来的样子啊！改变，是为了更好地存在，而不是为了消失。"沙漠的话让小河怦然心动。它鼓起勇气，勇敢地改变自己，果然很快就越过了沙漠。等到了适当的时候，水气再次凝聚成水珠，小河会聚到更宽阔的河流里，变得更加强大了。

面对沙漠贪婪的吮吸，如果小河拒绝改变，就会完全渗到泥土中，彻底地失去自我。幸好，在沙漠的启发下，小河勇敢地改变自己，不但成功越过沙漠，还会聚到一条更宽阔的河流里，增强了自己的力量。这个故事告诉我们，不管你的梦想多么远大，如果你不能处理好眼前的紧急事情，或者无法做好那些身边的小事情，你就会距离梦想越来越远。

人在一生之中，永远不可能一帆风顺。每个人或多或少都会遇到各种各样的坎坷和挫折。当残酷的现实摆在我们面前时，如果我们不能改变现实，那么就要从自身出发，努力地改变自身以适应外界环境。唯有如此，我们才能更好地生存。

很多人会觉得，自己一旦改变就会失去本来的面目，变得不像自己，就像小河的担心一样。实际上，无论怎么改变，只要你坚持内心的向往不变，你就永远都是你。面对无法跨越的障碍，我们是义无反顾地英勇就义，还是做出改变保全自己，相信聪明的你一定能够做出理智的决断。如果你依然很担心，那么你不妨扪心自问：“我的本质是什么？我需要坚持的是什么？我的目标是什么？我的梦想对我而言究竟有多重要？”当这些问题得到解答，你会发现其实实现梦想的方式有很多种，而并非拘泥于一种。当某种方式能够帮助我们更好地实现梦想，那么这种方式就是合理的，就是值得我们认可和接受的。记住，方式的改变不会影响本质，做人做事寻求最恰到好处的方式，并不会改变你实现梦想。“合适的才是最好的”，这句话在我们的生命中永远适用。不管是黑猫白猫，能够抓住老鼠的才是好猫。同样的道理，不管是用什么方法，能够帮助你改变现状、实现人生理想的，才是真正的好方法。行动起来吧，只有改变行状才能助你更加接近成功！

第02章

不要嫉妒，因为没有平白得来的成功和好运

成功从来不会从天而降，好运也不会青睐那些懒惰的人。当你看到别人顶着成功的光环无限风光时不要嫉妒，因为别人的成功一定不是凭白得来的。常言道：“一分耕耘，一分收获。”虽然有的时候付出了不一定会有收获，但是不付出就必然毫无所获。因而，任何时候都不要放弃努力，即便到生命的最后一刻，我们也依然要拼搏。

运气好的人都有共同点

生活中，我们常常会去羡慕一些运气好的人，因为他们看起来平淡无奇，却总是能够在紧要关头得到命运的青睐，或者有意外的惊喜，或者从此平步青云。为什么他们的运气总是这么好！在羡慕的同时，我们愤愤不平的心也会提出抗议。是啊，为什么好运从来不光顾我们呢？！细心的人会发现，但凡运气好的人都有一些共同点，他们或者待人友善，心胸开阔，从不斤斤计较；或者非常勤奋努力，从来不会虚度一分一秒的时光；或者拥有好人缘，不管走到哪里都备受欢迎。总而言之，他们自己做到了极致，尽自己所能把一切都处理得十分完美，因而才能在机会突然降临时牢牢地抓住机会，改变人生的命运。

归根结底，这个世界上没有什么平白无故的好运会突然降临，而只是因为有些人做好了完全的准备，不管是面对惊喜还是惊吓，都能坦然相对，淡定处理。也因此，我们会发现想要得到好运气并不像我们想象中的那么难，从某种意义上说，这比中彩票容易多了。因为中彩票纯粹是随机的概率性事件，而争取得到好运在很大程度上取决于我们自身的努力。如果你从不吝啬付出，如果你从不惜力，如果你很愿意为别人付出，那么你会发现好运常伴你的身边。而这一切，都把握在我们的手中。

很久以前，他还只是一名普通的小职员。这是他大学毕业后的第一份工作，因此他非常珍惜。后来赶上金融危机，眼看着公司运转艰难，很多同事相继辞职或者跳槽，唯独他依然坚持留在公司，每天都做好自己分内的工作。

有段时间，公司甚至连清洁工也雇用不起。他细心地发现走廊里的绿植蒙上了厚厚的灰尘，因此，他每天主动提前一个小时上班，把办公室打扫干净，然后再用自带的抹布细心地擦拭绿植肥厚的叶片。有一天，董事长因为心情烦躁，也早早地来到办公室，想要解散公司。正当董事长凝神细思时，突然听到走廊里传来拖地的声音，因此便从窗帘的缝隙往外看去……那一幕令董事长终身难忘，只见他穿着一件长长的罩衣正在拖地。之后又拎来一桶清水，开始擦拭绿植。那一刻，董事长深深的被感动了，他暗暗告诉自己："就凭着有这么优秀的员工，我也不能放弃！"此后董事长凭着坚强的毅力，再也没有想过要解散公司的事情，而是努力地想尽办法带领公司员工令其起死回生。随着政策的扶持，那些熬过经济严冬的企业开始复苏，董事长第一时间就提拔了他，任命他为董事长助理。这时，很多同事都说他肯定是交上狗屎运了，居然一步登天，就连他自己也不知道为何能够得到跳跃几级的提拔。然而，董事长在他上任第一天就对他说："是你，带领我们走过了经济严冬。"

在大多数人眼中，他之所以能够得到提拔，一下子成为整个企业里地位仅次于董事长的人，肯定是出现了奇迹。然而，董事长对此心知肚明，那个早晨如果不是看到他专心致志地就像对待一个新生命一样擦拭绿植，让董事长看到希望，也许整个企业早就垮掉了。在别人眼中的好运，对于他坚持不懈的付出而言，是如此地理所当然。当然，当大家都得知真相之后，肯定会有人对他的行为不屑一顾，甚至说他是在作秀，没关系，只要他了解自己的心就好。任何点滴的坚持付出，都将会给我们带来意想不到的收获。最可贵的在于，运气好的人在心甘情愿地付出时，从未想到自己有一天会有如此大的惊喜。付出而不求回报，这才是好运的根源。与此相比，功利性的付出，则未必能够得到丰厚的报偿。

其实，很多时候人们做出看似漫不经心的举动，在他人眼里却是最好的品质证明。越是微不足道的细节，越能证明其真实性，从而更能代表人的内心。很多人之所以与好运失之交臂，恰恰是因为他们精于算计，总是计较的太多，付出的太少，而且每时每刻都害怕自己吃亏上当。古人云，“吃亏是福”。这句话之所以能流传1000多年，恰恰是因为它是真理。每天付出一点儿，看似平淡，但是坚持下来就会创造巨大的奇迹。把简单的事情做到极致，你也就能够成为众人眼中的传奇。坚持做，好运一定会常伴你的身边。

沉默，是一种强大的力量

在刚刚过去的炎热夏季，细心的人一定会发现，每当要有大的暴风雨来临前，环境往往会变得异常安静。在原本喧嚣的午后，一切都安静下来，寂静得吓人。就连空气，似乎也凝滞不动，一丝风也没有，云彩也不再飘散，而是像被固定在空中的某个地方一样。就这样寂静几分钟之后，突然电闪雷鸣，就像是一段演出中的安静，是为了衬托更加喧嚣的热闹一样，雷雨也随之而来。这就是我们平日里所说的“暴雨前的宁静”。和这种宁静一样，在黎明到来前，也会有一段时间是极度黑暗的，甚至伸手不见五指。这黎明前的黑暗，更加能衬托出当阳光穿过地平线那片刻的热烈。大自然真的非常神奇，它自有体系，不会因为任何事情而轻易改变。著名诗人北岛也曾在一首诗中写到，“一切爆发都有片刻的宁静”。那么，人呢?

生活中总有些人习惯于喋喋不休，诸如劳碌的母亲。而当母亲真的感到伤心欲绝或者愤怒异常时，她的唠叨就会戛然而止，让人无所适从。在这种情况下，我们与其揣测母亲的想法，不如安静地等待“狂风暴雨”的来临。每个人都是群体动物，都是社会的一员，都离不开社会的活动。因此，我们总是要与形形色色的人打交道，这些人或者是我们熟悉的，或者是完全陌生的，或者是与我们有着利害关系的，或者是我们的冤家对头，曾不知与其如何相处。不管与谁交流，我们除了运用语言表情达意的强大作用之外，也不要忽视沉默的力量。对，没错！沉默就是一种力量，而且是一种非常强大的力量。在人际交往中，假如你能合理运用这种力量，就会给你带来意外的惊喜。

战国时期，齐国的淳于髡不但很有才华，而且口才也好，每当其他大臣不敢直言进谏时，他总能够找到合适的方法规劝君主。因为他说的话很中听，而且道理深刻，因此君主非但不会怪罪于他，反而很乐于接受他的劝谏。

当时，齐国的齐威王原本才华横溢，是明智的君主。但是当其即位之后，他却荒废朝政，从不理会国家大事，每天只知道饮酒作乐，沉迷于美色。为此，大臣们全都怨声载道，纷纷担心国家民生的大计。此时，很多周边的诸侯国看到齐威王如此不成器，纷纷前来进犯，想要瓜分齐国。眼看着国破家亡就在眼前，大臣们都畏惧齐威王，不敢直言相劝。这时，淳于髡想出了一个好办法，决定给齐威王提个醒。

一天，淳于髡进宫面见齐威王，并且陪齐威王一起去后花园散步。行走的过程中，他装作漫不经心的样子对齐威王说：“国君，您喜欢猜谜语吗？”齐威王连连点头，他又说，“臣这里有个谜语，说给大王猜——有一只大鸟从远方飞来，住在皇宫里。整整三年的时间过去了，这只大鸟既不出声，也不翱翔，只是呆呆地蜷缩着，整日无所事事。国君，您说这只大鸟究竟是怎么了呢？”齐威王非常聪明，马上就知道淳于髡是在用大鸟打比方，想要点醒自己。因为在诸多大臣心里齐威王恰恰就像这只大鸟无所作为，只沉迷于享乐。但是，齐威王知道自己不是昏庸的国君，因此他沉思片刻，决定改过自新，从此带领齐国扬眉吐气。因而，齐威王一本正经地说："你说的这只鸟儿，其实不是不飞，而一定会一飞冲天；它也不是不鸣叫，你等着看吧，它一定会一鸣惊人。你拭目以待吧！"从此之后，齐威王一改往日萎靡不振的模样，开始专心治理朝政。很快，他不但严惩了那些腐败的贪官，而且还给予忠臣大量奖励，使朝廷的风气焕然一新。此外，齐威王还开始振兴军事，发展国力，最终使齐国变得越来越强盛。这正如齐威王所说，"这只大鸟一定会一鸣惊人"。

在这个事例中，齐威王不是不鸣，而只是在积蓄力量。他先是沉迷于酒色，后来在淳于髡的点醒下改过自新，成为一个励精图治的好国君。其实，一鸣惊人的典故早在春秋时期就已经被人们口耳相传。当时，楚庄王登基三年，却始终毫无作为，一直沿用之前的法令。为此，左司马反目问他："一只大鸟落在山坡上，三年了不叫也不飞，这是为什么呢？"楚庄王回答："三年不叫，是为了一鸣惊人；三年不飞，是为了羽翼丰满。不飞则已，一飞冲天；不鸣则已，一鸣惊人。"果然，楚庄王是在积蓄力量。在长久的沉默之后，他宣布废除各种不合理的苛捐杂税，还处死了好几个奸臣，又聘用了诸多贤士辅佐他治理国家。原来，楚庄王的沉默，是为了更好地积聚力量，以求得惊人的爆发。

生活中，我们常常会发现那些喋喋不休的人虽然说话很多，但是很少能说到点子上。因为他们一直喋喋不休，所以他们的话在他人心里并没有形成强大的作用。相反，那些喜欢保持沉默的人，每当其开口时必能引起众人瞩目，而且他们总是能够一字千金，掷地有声。没有长久的沉默，哪来喷薄的爆发？没有寂寞的反思，哪来聪明的睿智？我们往往只看到知识渊博的学者在众人面前侃侃而谈，却忘记了他们也曾有过数十年的寒窗苦读，也曾冬练三九，夏练三伏。从某种意义上来说，沉默并不代表思维的停滞。相反，沉默的人因为专心，所以思维更加活跃，思想也更加深刻。不在沉默中死亡，就在沉默中爆发。沉默无疑是一把"双刃剑"，成就了一些人，也毁灭了一些人。因而，我们必须正确认识沉默，理性对待沉默，这样才能在沉默中不断发展壮大，最终形成洪荒之力。

宠辱不惊，在挫折中积累经验

在这个世界上，谁能拍着胸脯说自己的人生是一帆风顺的呢？每个人在一生之中都必然会遇到坎坷和挫折。之所以有人成功，有人失败，只是因为有人从挫折和坎坷中获得成长，有人则在失败的沮丧中一蹶不振。实际上，只要我们摆正心态，不把挫折和磨难看成是命运之外的负担，而将其视为生命中理所当然应该面对的事，那么我们就会从心底里接纳挫折和磨难，使其成为我们生命中不可或缺的一部分。从而，我们也不会再抵触挫折，而是积极地面对挫折，战胜磨难。

人只要活着就能战胜这些磨难。因而，不放弃才是最关键的。很多活到百岁的老寿星都说，“人这一辈子就是熬着”。当然，和他们曾经艰苦的岁月相比，现在的人们已经越来越幸福了，也不用再那样吃苦受罪。所以，我们无须熬着，但是我们必须坚持。勇于坚持的人，心中总是怀着希望。他们即使遇到高兴的事情，也不会得意忘形；就算被挫折打败，也会马上爬起来继续前行。人只要活着就应该前进，前进，再前进。希望，就是我们心中的一盏明灯，即使遭遇悲惨的命运，希望也会指引我们找到出路。

打个形象的比喻吧，漫长的人生就像是大海，每个人都在海上沉沦。既然是海，当然少不了波峰和波谷，尤其是当狂风大作时，海上的风浪就会更加骇人。然而，如果你离岸边很远，躲避当然不可能，唯一的办法就是面对。我们无法预知自己何时会遭遇命运的风浪，但是我们可以督促自己始终保持准备的状态。这样，无论风雨何时来袭，我们总是心中有底，也知道如何应对。

作为美国前总统，罗斯福的一生并不顺利，甚至可以说遍布坎坷。罗斯福出生于政治世家，他的前途原本应该一片光明。事实也的确如此，在他28岁那年，罗斯福就担任美国海军部助理部长；36岁时，年纪轻轻的他已经成为美国民主党的副总统候选人。然而，正当罗斯福的政治生涯无比绚烂之季，在39岁那年，罗斯福陪同家人一起去海岛度假。他们全家人都很高兴，罗斯福更是带着孩子们乘船出海，还去了一个小岛。不幸的是，小岛上的树木起火了，罗斯福带领孩子们不遗余力地救火，奋战很长时间才把火扑灭了。回到居住的地方，罗斯福觉得浑身疲惫，因此就去泳池游泳，然后睡了一觉。醒来之后，他发现自己生病了，直到次日清晨，他在准备起床时才发现自己的左腿弯曲着，根本无法伸直。对于一个正直壮年且满怀雄心壮志的男人而言，这个打击是致命的。但是罗斯福没有放弃，他在妻子的陪伴下四处求医，却没有任何医生知道他到底患了什么病。直到遇到罗伯特医生，才为他确诊。原来，他患了脊髓灰质炎。

在那个年代，脊髓灰质炎属于疑难杂症的范畴，作为脊髓灰质炎研究领域的权威专家——罗伯特给罗斯福下了最后通牒：这种病永远无法治愈，他必须始终承受双腿的麻痹。从此之后，罗斯福以常人不能及的顽强毅力，开始在理疗师的帮助下进行康复治疗。正是因为这种永不屈服的精神，罗斯福才在双腿麻痹的情况下学会用拐杖走路，并灵活地使用轮椅。很快，罗斯福就重新返其政治生涯，以残疾的身体积极投入繁重的工作之中。后来，他更是凭着顽强的毅力，以残疾之躯战胜其他的竞争对手，成功当选为美国总统。

对于弱者而言，沉重的打击和看似无望的挫折，一定会使他们陷入绝望的深渊，再无翻身的余地；对于强者而言，只要一息尚存，他们就不会被挫折彻底打败，相反，挫折却会激发出他们昂扬的斗志，使他们即便身处逆境，也依然永不放弃。强者一旦经过挫折的洗礼，就会变得更加坚强，也会变得更加壮大。任何时候，只要我们心中有信念，我们就永远怀着希望。

在遭遇挫折时，人们难免会产生畏难情绪，甚至想到要放弃，这是人之常情，无可厚非。为了坚定意志，我们不妨使用心理暗示法，以此鼓励和激励自己。例如，当你觉得自己无法继续承受下去时，不如告诉自己："我可以，我能行，我必须行！只要再坚持下去，我就一定能摆脱困厄，最终迎来光明。"类似这样的话，虽然看起来是形式主义，但却效果显著，能够给予自己莫大的勇气。对于勇者而言，绝境往往会演化成绝处逢生，我们每个人都要成为命运的强者。

机会千载难逢，你没有理由错过

众所周知，机会对于生活在快节奏的现代人而言意味着什么。很多人没有机会，即便再怎么努力，也无法获得成功。但是有些人因为抓住了千载难逢的好机会，也许一夜之间就让自己产生了巨大的变化，使自己的命运出现了神奇的转折。虽然大家都知道成功没有捷径，但是每个人依然瞪大了眼睛在寻找机会，因为只有机会才能缩短我们奋斗的历程。只要抓住机会，即使你很平凡，也可能有惊天动地的改变。

几十年前市场经济刚刚被搞活的时候，真正是"撑死胆大的，饿死胆小的"状况。很多胆大的人抓住国家搞活经济这一千载难逢的好机会，大胆地从银行贷款，开创事业。但是那些胆小的人呢？即使银行的工作人员把贷款送到他们眼前，他们也不敢借用。也因此，那个年代有很多不顾一切的"亡命之徒"都成为了成功人士，而中规中矩的老实人却只能过着平淡的生活。对于成功，实际上每个人都有着无限的渴望，哪怕是一个非常平庸的人，心底里也一定幻想着自己有朝一日被成功光环笼罩的情形。但是，很多人与成功永远都有缘无分。尽管他们很努力也很勤奋，但是却永远没有勇气抓住机会，也就决定了他们永远不可能光鲜地享受成功。

如何才能牢牢地抓住机会呢？就像是在河岸边看到一条大鱼，既想将其抓住，又怕自己一不小心掉进河里，最终你只能看着大鱼溜走。要想抓住机会其实很简单，即一看到大鱼就毫不犹豫地去抓，在确定自己会游泳的情况下，即使掉进河里也只不过是湿一套衣服而已，不会有什么严重的后果；抓到大鱼就要牢牢抱住，千万不要轻易撒手；之后，带着大鱼回家。如此三部曲，无须想得太复杂。很多人之所以总是错失良机，就是因为遇到事情犹豫不定，总是不停地琢磨，最终机会已经溜走了，他却还在斟酌，还有什么意义呢？记得前段时间在一个购物群里群主发布了一条商品优惠的消息，有人已经抢购完了，有人却还在研究该不该动手买，最终等他决定要买时，商品已经销售一空，机会早就消失得无影无踪了。虽然各种机会不可相提并论，但是抓住机会的道理却是相通的。

刘红学习成绩不太好，初中毕业后，她爸爸就安排她进入当地的卫生学校学习，希望她几年之后能成为一名护士。在很多人的观念中，小姑娘当个护士自然不错，又不需要干太累的活儿，而且工作环境也不错，风不打头雨不打脸的。然而，在卫生学校学习半年多之后刘红突然得知有个中专院校要扩招，而且只要报名通过考试，就能入学。这个学校在温润的江南水乡——苏州，可比在家门口的卫生学校听起来好多了。

思来想去，虽然爸爸已经为她交了三年的学费，但是刘红还是毅然告诉爸爸自己想去苏州读书。尽管心疼学费打了水漂，但是看到女儿决绝的样子，再加上爸爸本身也不想让女儿一辈子窝在小县城里，所以就同意刘红去报名。也许是因为目标明确吧，刘红一改以前看到书本就头疼的习惯，居然在一个多月的时间里认真复习，很顺利地通过了考试。离开家，离开父母，走到更为广阔天地里的刘红，就像鸟儿出了笼子，深深地被大千世界的诱惑所吸引。为了不再回到家乡的小县城，刘红用功读书，居然在中专毕业的时候被保送读本科。如今，刘红又回到了苏州，成为当初就读的中专院校的老师，一生的命运就此改变。

如果留在家里读卫生学校，刘红一生的脚步就会围绕着家乡的小县城。幸好，她在考虑清楚之后非常坚决，也得到了她爸爸的支持，因而抓住了那个千载难逢的好机会，来到了温润的苏州。和家乡的小县城相比，苏州简直让刘红流连忘返。为了留在那里，她非常用功地读书，最终成功被保送读本科，之后又回母校当了老师。虽然和很多成功人士相比，刘红的成功太微不足道了。但是，成功原本就是对于个体的定义。和刘红原本的命运既定轨迹相比，现在的她已经获得了成功。

很多时候，改变我们命运的并非是什么了不起的、惊天动地的大事，而往往是那些微不足道，甚至不值一提的小事。很多人都抱怨自己的命运从未有过转折点，其实，只是当转折的机会出现时，你没有及时抓住而已。从现在开始，就让我们瞪大眼睛努力不放过每一个机会吧。唯有如此，我们才能及时发现并且抓住命运的转折点，使自己的人生从此变得与众不同。

机会的出现总是让人难以捉摸，有时候机会需要漫长的等待才会缓缓而来，有的时候机会会接二连三的出现，让你目不暇接。那么，我们需要注意的是千万要有决断力，不要像猴子摘玉米那样，摘了这个，丢了那个，最终什么也没有得到。选我所爱，爱我所选，在机会面前也同样试用。还有些人之所以能力很强，机遇也很多，却远离成功，就是因为他们在机遇面前犹豫不决，不能很好地掌控机会。所以，我们应该认准机会，百折不挠，永不放弃，坚定不移地朝着成功奔去。

时刻准备着，才能得到机会的青睐

很多时候，机会与我们擦肩而过，甚至我们的指尖已经碰到了机会，却又失去了机会，这无疑让人懊悔不已。为什么会出现这样的情况呢？难道机会真的是有选择地光顾吗？其实不然。机会并不会选择让谁抓住它，但是你能否抓住机会，却取决于你在机会到来前是否做足了准备，是否积攒了洪荒之力只等着机会光顾。否则，你若漫不经心，一定无法抓住转瞬即逝的好机会。

正如一位名人所说，“机会是留给那些有准备的人的”。任何时候，即使没有任何机会即将到来的迹象，我们也要做好准备迎接机会的到来，因为没有人能说得准机会何时到来。这就像是打球，不管队友是否把球传给你，只要你站在球场上，是球队的一员，你就必须时刻准备着接球、传球。著名剧作家萧伯纳对于机会也有自己的独到见解，他曾说，“机会总是留给那些有准备的人，成功的人也总是抓住了机会的人，然而真正的强者如果没有机会，就会主动创造机会”。由此可见，除了要随时随地准备抓住机会之外，我们还要拥有创造机会的能力，这样才能始终不缺少机会。不得不说，成功的人对于成功，总是有着与众不同的见解和定义。

三年以来，毛遂始终在平原君门下当门客。但是，平原君根本不知道毛遂是谁，因为他有很多门客，而没有任何特长的毛遂被淹没在这些门客中，他根本没有机会进入平原君的视野。有一次，秦国派出重兵团团围困赵国的都城邯郸，赵王看到情势危急，只得派平原君出使楚国，以便说服楚国的国君派兵为赵国解围。

平原君深知游说的成败关系到国家的安危，因而在出发之前决定挑选20名门客。这20名门客必须文武双全，机智勇敢。然而，挑来挑去，平原君只找出了19名符合要求的门客，还剩下1个名额，却再也找不到能让平原君满意的人了。这时，毛遂毫不迟疑地主动自荐。他对平原君说："我愿随您一起去楚国。"平原君看到名不见经传的毛遂，丝毫不以为意，他漫不经心地说："你投在我的门下3年，但是从未崭露头角，更没有过人的表现，可见你能力一般。这就像是把钉子放在布袋里，钉子一定会很快扎破布袋，让人们发现它的存在。而你始终默默无闻，我不能确定你有能力随同我去楚国完成伟大的使命。"听了平原君的话，毛遂并不羞愧，而是坦然地为自己辩解道："你说的很有道理，但是并不全对。我之所以不像钉子一样扎破布袋，是因为我从来就不在布袋里。假如您给我这个机会，让我进入布袋。我保证我不但会'钻出'布袋，而且还会完全'露出'布袋。"

看到毛遂镇定自若地为自己辩解，平原君觉得他说得不无道理。因此，平原君同意带着毛遂一同出使楚国。就这样，他们一行人连夜马不停蹄地赶往楚国。到了楚国之后，天才刚刚亮。平原君没有休息，马上拜见楚国的国君，希望他能够发兵为赵国解围。然而，谈判进展得很慢，而且很不顺利。尽管平原君滔滔不绝地从早晨到中午一直在游说楚国的国君，但是对方始终不愿意出兵。情急之下，平原君向门客们求救，但是除了毛遂之外，其他的19名门客只是干着急，根本想不出什么好办法。看到平原君为难的样子，毛遂一不做二不休，一手仗剑，大步流星地就走到了台上。尽管楚国的国君盛气凌人，而且还喝令毛遂退下，毛遂却毫不畏惧，大声说道："今日赵国被围困，作为相邻的友国，如果您不马上出兵援助，那么就会唇亡齿寒，等到赵国灭亡之后，下一个灭亡的就一定是楚国。而且，我如今就站在您的面前，即使您有千军万马，也无法保证您性命无忧。我希望您能当机立断，否则一旦错失良机，就会追悔莫及。"毛遂的一番话让楚国的国君意识到情势的严峻和危机，他马上放下私心，当即与平原君签订盟约，并且派兵援助赵国。

回到赵国后，平原君感慨地说："毛遂真是伟大的人啊！他仅凭铿锵有力的好口才，就胜得过百万大军。遗憾的是，我在此之前居然从未发现他的才华。如果不是他主动请缨，赵国将损失惨重呢！”从此以后，毛遂深得平原君的器重，成为了平原君的得力干将。

赵国被秦国围困，平原君必须马上出使楚国，说服楚国的国君派兵支援赵国，而平原君左挑右选后还缺少1名随从。对于毛遂而言，这就是千载难逢的好机会。情况危机，如果他纠结于是否参与这个危险而又艰巨的任务，那么也许机会就会转瞬即逝。幸好，低调了3年的毛遂毫不犹豫地主动请缨，并且以非凡的气度赢得了平原君的认可。就这样，毛遂在楚国的国君面前慷慨陈词，最终扭转了不利局面，成功说服楚国的国君出兵援助赵国，不但保卫了国家的安宁，也深得平原君器重。毛遂一鸣惊人，难道仅仅是因为他运气好吗？当然不是。毛遂的成功，首先在于他抓住了机会随同平原君一起出使楚国，在楚国的国君面前，他又抓住了机会慷慨陈词，且把楚国的国君控制在自己的一剑之下。如此一来，于情于理，楚国的国君都没有理由继续拒绝结盟。

虽然如今人们已经远离战争，但是不管在生活中还是在工作中，我们还是需要学会把握机会。尤其是当我们本身就在盼望着机会的出现时，就应该随时做好准备，这样才能保证不错过任何一个千载难逢的好机会。要知道，很多命运的转折点就出现在机会之中，如果错过机会，你也很有可能错过了一次把握命运的最好时机。被动地生活不会有奇迹，如果你想创造与众不同的命运轨迹，你就要采取主动的姿态迎接命运的挑战。不管是惊吓还是惊喜，做足准备的你，在机会之中一定会有独特的收获。

每个人都有幸福的权利

每个人都渴望得到幸福，然后真正了解幸福真谛的人却少之又少。幸福是什么？有人说幸福是有很多钱，有人说幸福是事业功成名就，还有人说幸福就是爱情，更有人说幸福是虚无缥缈的感觉。其实，幸福对于每个人都有不同的定义。幸福并非是他人口中的幸福，也并非是他人标准下的幸福，而是我们内心深处最真实的感受。每天，都有无数人抱怨自己不幸福。殊不知，抱怨并不能使他们变得幸福，而只会使他们的不幸福感更加强烈。

在熙熙攘攘的街道上，在孤独寂寞的深夜里，在爱人的眼睛里，在迷茫的未来里，我们都有权利让自己得到幸福。要想得到真正的幸福，我们就要接纳自己。一个人总是与自己对抗，是不可能得到幸福的。唯有从内心深处接纳自己，我们才能坦然面对人生和命运，从而得到真正的幸福。

大凡幸福的人都有一个共同点，即他们能够发现自己的优点。很多人自以为了解自己，却并不知道自己有何优点。他们眼中的自己一无是处，总觉得每个人都比他们过得幸福，殊不知，在不知不觉中，他们早已是别人羡慕的幸福对象了。一旦你意识到这种幸福的真实存在，你就会变得淡定平和，对生活很满足。从本质上来说幸福就是满足感。对自己满意的人，对爱人满意的人，对事业满意的人，对孩子满意的人，对朋友满意的人，总是能够获得更多的幸福。常言道，“人心不足蛇吞象”。不知道满足的人，永远无法体会到幸福的滋味。人外有人，天外有天，一个人再怎么优秀，也不能把所有人都比下去。同样，一个人即使命运坎坷，也总能从生活中找到一丝丝的安慰。所以，苦中作乐，蜜里调油，都是同样的幸福。

幸福也从来不是证明给别人看的。记得昨天从朋友圈里看到这样一条信息：你真的过得比朋友圈里的其他人更幸福吗？随着网络的发达，信息传递的实时化，越来越多的人加入了晒幸福的行列。吃饭要晒，出去玩要晒，带孩子要晒，逛街要晒，就连不小心踩到了狗屎，也要晒一晒。真不明白，现代人还能不能专心致志地做一件事情了。各种晒，俨然已经打破了人们生活的常规，似乎凡事都必须晒完才能步入正轨。更有因为吃火锅之前忙着拍照片，把手机掉进麻辣汤里的，让人不胜感慨。你真的比朋友圈里的其他人更幸福吗？事实未必如此。真正幸福的人，只顾着享受幸福，哪里还有工夫拉仇恨呢！大凡晒幸福的人，都是为了得到别人的夸赞，以满足自己空虚的内心吧。所以，要慎重地晒，不要无限度地晒。当你不晒的时候，大家就知道你真的很幸福，幸福得没有时间出来晒啦！

人到中年的她，失去了丈夫，儿子也去了遥远的城市读大学。转眼之间，原本温馨热闹的家里就只剩下她一个人，冷冷清清、凄凄惨惨。儿子很担心她，又因为不能陪着她一起走出失去亲人的痛苦阴影，因而几乎每天都在固定的时间打电话回家与她谈心。听到她消沉落寞的声音，儿子担心极了。有一段时间，她甚至失去活着的欲望，恨不得能够也随同丈夫在车祸中死去，那也强过这么痛苦地活着。但是一想到远方的儿子只有她这么一个亲人，她又犹豫了。

一个偶然的机会，她认识了一位老大姐。这位老大姐年纪轻轻就失去了丈夫，后来独自抚养女儿长大，如今她女儿在美国，已经几年都没回家了。但是，老大姐看起来精神矍铄、神采奕奕，和她的状态完全不同。她问："老姐姐，你是如何做到的呢？"老大姐笑着说："每个人都有幸福的权利啊！即使我们失去了一切，我们也不能失去幸福。"老大姐的话让她茅塞顿开，她下决心改变现状，勇敢地拥抱生活。等到儿子再打来电话时，从她的声音里听到了明显矫饰的幸福。对！她从现在开始就要伪装幸福，她相信终有一日她能真正找回幸福。

没有人的一生会是一帆风顺的。我们唯有坦然面对和接纳生活的风雨坎坷，才能拥有幸福的权利。幸福，真的是一种权利。生命是一场没有归途的旅程，生命的长短不可知，生命的质量却是我们可以尽力把握的。

所谓酸甜苦辣，人生百味，只有真正品尝过、经历过、感悟过，才是你真的拥有过。不论命运多么残酷无情，都让我们以一颗幸福的心去面对吧！

第03章

想要摘到果实，必须努力向上

在一生之中，没有任何人能够始终顺心如意，更没有任何人想要什么都能得到。相对于贪婪的心而言，我们拥有的一切总是显得那么少。为此，我们必须不断努力，才能得到更多，拥有更多。我们也只有持之以恒地奋斗，才能壮大自己的力量，帮助自己接近成功，实现梦想。

每个人最大的敌人都是自己

在生活和工作中，你一定会遇到自己不喜欢的人。他们或者是你的邻居，或者是你的上司，或者是你曾经的朋友，甚至是无法让你满意的孩子。我们忍无可忍，终于将他们视为仇敌。殊不知，他人依然好好地做着自己，而我们一切的苦恼都源于我们的内心，不可原谅别人，也不肯宽宥自己。从这个角度来说，我们生活得是否幸福，其实取决于我们的内心。既然我们不能改变客观存在的世界和他人，我们为何不能改变自己呢？！记得有句歌词唱道，“心若改变，世界也为之改变”。的确，和改变别人相比，无疑改变我们的内心是更容易的。换言之，我们想要怎样的改变外界，首先应该先相应地改变自己。

对于人生而言，最大的乐趣莫过于通过自己的拼搏和奋斗得到自己想要的一切。因此，我们无须为了自身存在的缺憾而遗憾，因为我们还有很长的时间可以改变和完善自己。我们也无须羡慕别人拥有的比我们更多，因为在看不到的地方他们一定付出了加倍的努力。命运把握在我们自己手中，对于任何人而言，最大的敌人都是自己。我们只有努力超越自己，才能真正获得成功。

对于生活的现状，蒂娜总是充满了不满。当初，她不顾家人的反对嫁给了和她爸爸年纪相仿的成功人士张亮，从此享受锦衣玉食的阔太太生活。张亮的确对蒂娜很好，不管蒂娜想要吃什么、喝什么、穿什么，张亮都无条件地满足她。然而，曾经物质匮乏的蒂娜在获得物质上的极大满足后，很快就开始对物质的满足感到厌倦乏味。看着人到中年的张亮，正如鲜花般绽放的蒂娜总是感到无限地悲哀，甚至有时候她想要出去旅行，张亮都觉得力不从心，不愿意四处奔波，只想待在家里安享天伦之乐。尤其是在他们的儿子皮皮出生之后，张亮更觉得自己人到中年，只想安稳。为此，蒂娜怨声载道。

在生完儿子后的一年中，蒂娜患了严重的忧郁症。她看谁都不顺眼，尤其是当看到半大的继子满屋子晃荡时，更是担心他对皮皮做出什么不好的事情来。渐渐地，蒂娜的脾气越来越古怪，甚至开始疑神疑鬼，几乎每天都要呵斥保姆，还会找各种理由与张亮吵架。终于有一天张亮感觉到蒂娜的反常，建议她去看心理医生。在心理医生的疏导下，蒂娜渐渐意识到自己始终保持着对抗的状态，而要想得到真正的幸福，就应该发自内心地接受。就这样，蒂娜开始改变心态。对于继子，她也不再像防贼一样防着，而是相信继子能够成为一个好哥哥。至于张亮，无论如何都是她自己选择的人生伴侣，虽然不像年轻人那样精力充沛，但是他却给予了她父亲般的关怀和爱，给了她无微不至的照顾和优越的生活条件。想到这些蒂娜怀着感恩之心对待家里的每个人，自己的心情也渐渐好起来。很快，那个充满青春活力、阳光善良的蒂娜又回来了，家里再次充满欢声笑语。

蒂娜的生活是苦闷的，尤其在她生完孩子激素失衡之后，由于生理和心理的双重原因，更使得她情绪低落，郁闷烦躁，简直不知道如何对待身边的人。也因此，整个家庭的氛围都变得异常紧张，这也给张亮带来了很多烦恼。幸好张亮及时发现问题，建议蒂娜去向心理医生咨询，并接受心理治疗。果然，在心理医生的开导下，蒂娜改变了心态，怀着感恩之心对待张亮，怀着宽容之心对待继子，最终她找回了内心的宁静。这样一来，虽然外界的客观环境并没有明显的改变，但是蒂娜的心情却完全改变了。她从抑郁到快乐，重新找回了属于自己的人生。从这个事例中我们不难看出，其实我们对于外界的反映完全取决于我们的内心。正如一位名人所说，“这个世界上并不缺少美，而只是缺少发现美的眼睛”。假如我们能够积极地调整心态，让自己拥有真善美的心灵，那么我们心中的整个世界，都会变得美好无比。

当我们企图与整个世界对抗时，不如认真地反思自身。对于任何人而言，最大的敌人都是自己。既然如此，与其耗费时间和精力试图改变别人，改变世界，不如从现在开始尝试着努力改变自己。这样就能减少做那些徒劳的无用功，使得改变事半功倍，卓有成效。

扪心自问，你真的了解自己吗

当清晨从睡梦中醒来，睡眼惺忪地对着镜子洗漱时，你是否会有一刻感到镜子里的人如此陌生呢？虽然这个人就是你自己，是你整日带着四处游走的身体，是你沉睡刚刚苏醒的灵魂，但是你一定有那么一刹那会感到非常陌生。别担心，这种陌生感并不反常，而是再正常不过的事情了。对于任何人而言，如果说这个世界上有个最熟悉的陌生人，那么一定是你自己。很多人都自以为很了解自己，殊不知，不识庐山真面目，只缘身在此山中。我们虽然与自己朝夕相处，从不曾有过片刻的分离，但是真的有很多人都不了解自己。

现代社会，人们的功利心越来越强，有无数人不择手段地想要获得成功。他们或者参加成功学培训班，或者阅读关于成功学的书籍，渐渐地远离了自己的本心，一心一意地只想要获得成功。遗憾的是，他们很难成功，甚至离成功越来越远，这是为什么？因为他们渐渐远离了自己的心，而一味地想要模仿他人的成功，甚至照搬他人的经验，最终导致东施效颦，令人贻笑大方。

在你自以为了解自己的时候，不如扪心自问：“我真的了解自己吗？”当你认真地盯着镜子看，你会发现你对镜子里那个人的脸都感觉很陌生。那个鼻子真的是你的吗？你的面容什么时候变得这么憔悴？你的鬓角什么时候多出了几根白发？你不禁摇头：“这真的是我吗？”时光匆匆而过，我们每天都在与时间赛跑，根本无暇顾及自己容颜的变化，更没有时间“清扫”自己的心灵，整理自己的思绪。最终，我们遗失了自己。对于现代人而言，要想获得成功，要想获得幸福，最重要的就是不要再跟在别人身后盲目地奔跑，而要努力地找回自己，问清楚自己的内心想要什么？想得到什么？认为什么最重要？也许，答案并不是成功。

很久以前，有个人租用了一辆非常结实美观的马车，还请了一个驾车技术高超的车夫，准备从魏国出发去楚国。因为旅途漫长，所以他准备了充足的盘缠，还带了很多食物。接下来，他就义无反顾地朝着北面出发了。尽管车夫很熟悉路线，但是他根本不听车夫的建议，只命令车夫一路驾车往北。后来，有个路人看到他，问他去哪儿，他说去楚国。路人笑着说：“你赶快调转车头吧。去楚国应该往南走，你怎么朝着北面去了呢？”他不以为然地说：“没关系，我的马跑得很快！”路人着急地牵住他的马，说：“你的方向错了，马跑得越快，你就离楚国越远啊！”他依然执迷不悟，说：“多花点儿时间也无所谓，我带足了盘缠，不会忍饥挨饿的。”路人着急了，说：“就算你带足了盘缠，但是你的方向错了，你的路费全都白花了呀！”他有些厌烦了，大声呵斥路人：“你这个人真是多事啊！我的车夫驾车技术高超，不管道路多么难走，他都能保证我的安全。”路人苦笑着说：“就算你的车夫技术好，但是你也得保证方向正确啊！你到底想去哪里呢？如果你真的想去楚国，你就必须马上调头！”看到他如此固执己见，也不听劝告，路人无可奈何地松开马的缰绳。就这样，他继续让车夫驾驶马车往北驶去，真是南辕北辙，他所不知道的是，他永远也到不了目的地。

故事中的魏国人一心一意地想去楚国，但是却走错了方向。虽然热心的路人为他指出了错误，他却充耳不闻，只知道自己的马车非常结实，车夫的技术也很高超，而且还拥有充足的盘缠。看到他一意孤行，路人只得无可奈何地由他去了。可以想象，这个魏国人的条件越好，马车的速度越快，也就更加远离他的目的地。人生也是如此，不管做什么事情，我们都应该首先看准方向。如果我们不了解自己真正想要的是什么，就随便选择一个方向狂奔而去，那么我们一定也会离目标越来越远，直到最后迷失方向。随着我们奔跑的速度越来越快，我们实现人生目标的可能性也就更加微弱。因为在方向错误的前提条件下，有利条件全都摇身一变，成为不折不扣的起反作用的条件。

每个人活着，就一定会有欲望，有对人生的憧憬和渴望。我们努力奋斗的终极目标不论关于金钱还是名利，其实都是为了让我们得到梦寐以求的幸福。如果我们不能弄清楚自己的内心真正想要什么，就投入宝贵的时间去追求，那么也许最终会是竹篮打水一场空。这就像是奔跑的时候一定要向着终点一样，我们的付出也要有明确的目的。从现在开始，不要再随大溜地奔波忙碌吧，当你知道你想要什么，你距离成功和幸福也就更进了一大步。

一个人可以被打倒，但不能被打败

在海明威的代表作《老人与海》中，桑蒂亚戈已经接连84天没有任何收获了。虽然他每天都坚持出海打鱼，但是他总是毫无收获。即便这样，他依然满怀着希望和信心。在第85天，桑蒂亚戈一如往常，驾驶自己破旧的小船再次奔向海洋深处。这次，他的运气很好，因为他捕到了一条特别大的马林鱼，甚至比他的渔船还大。这条鱼显然没有那么容易被降服，它不停地反抗，在海里掀出巨浪，还用身体撞击渔船，让桑蒂亚戈跌倒。为了制服这条大鱼，桑蒂亚戈的双手鲜血淋漓，血肉模糊。在这种情况下，其实他只要隔断尼龙绳，就可以放开大鱼，自己也能解脱。然而，他始终坚持不愿放弃。在与大鱼搏斗了一天一夜之后，他已经没有干粮可吃了。他不得不吃生鱼，喝生水，继续与大马林鱼搏斗。直到两天之后，他才彻底制服马林鱼。然而，闻到血腥味赶来的鲨鱼群开始疯狂地抢食马林鱼，尽管桑蒂亚戈已经浑身乏力，他却依然勇敢地与鲨鱼搏斗。等到他终于击退鲨鱼回到港口时，那只大马林鱼只剩下一副鱼骨头了。如此年迈的老人，如此恶劣的环境，是什么支撑着他毫不气馁，永不放弃的呢？这是一种不服输的精神，是一种不放弃的信念。看着空空的骨架子，老人说：“人不是为失败而生的。你尽可以打倒一个人，但就是不能打败他！”

桑蒂亚戈的精神永远在世界文学的宝库中熠熠生辉，海明威给所有的读者都带来了永不服输的坚强信念。每个人在生活中都会遭遇各种各样的困境，甚至有些打击是致命的。然而，只要我们心中怀着希望，永远不放弃，命运的缰绳就永远握在我们的手中。桑蒂亚戈告诉我们：即使困难再怎么强大，只要我们充满勇气，永不屈服，那么困难只能打倒我们，却不能使我们永远失败。因为只要我们心中有信念，就随时能够再次站起来，拉紧命运的缰绳。永不言败，正是海明威留给全世界广大读者最宝贵的精神财富。

在一部电影中，小栓子和战友们一起在剿匪行动中进行了一场恶战。土匪占据有利地形，虽然兵力不足，但是凭着天堑还是抢占了先机。最终，小栓子和战友们经过浴血奋战，好不容易才把土匪打得溃不成军。战友们一鼓作气，跟在土匪后面穷追不舍。由于山林茂密，追着追着小栓子掉队了，走到了悬崖旁。正当小栓子不知道应该往哪里走时，突然一个土匪从巨石后面爬出来，与小栓子迎面撞上了。看到此情此景，小栓子不假思索地端起了枪，虽然他知道自己的枪里并没有子弹。然而，此时此刻退缩显然已经是不可能了，既然端起了枪，小栓子很清楚自己只能继续维持这个动作，以便震慑敌人。为了使自己的气势更强，小栓子还瞪起了眼睛，努力让自己的腿不颤抖，胳膊也显得强劲有力。他们就这样对峙着，谁也不愿意退缩。他们都心知肚明，一旦退缩，就必死无疑。此时此刻，他们已经不是以枪指着对方，而是以能够杀死人的目光折磨着对方，以意志抗拒着对方。

小栓子已经一天一夜没有吃饭了，他肚子里面空空如也，脑海里只有一个信念：我一定要坚持到底，我不能投降！时间一分一秒的过去，残匪渐渐现出原形：他的眼光不再犀利，腿也开始哆哆嗦嗦。最终，他扔掉了手里的枪，浑身疲软地瘫倒在地。小栓子欣喜若狂，努力控制自己不要晕倒，又扯了一根粗壮的藤条，把残匪结结实实地绑了起来。当检查之后发现绑匪的枪里也没有子弹时，小栓子一下子坐在地上，觉得心砰砰砰地乱跳起来。

在生死攸关的时刻，如果小栓子没有顽强的意志力和不投降的信念作为支撑，心知肚明自己枪里没有子弹的他，一定会颓然倒地。其实，残匪也和小栓子的想法一样，即以顽强不屈的意志力震慑小栓子，遗憾的是，他的毅力没有小栓子强，所以最终主动丢掉空枪，放弃抵抗。不得不说，是意志力救了小栓子一命，否则，谁死谁活还不一定呢！

其实人生中有很多这样的时刻，尽管不是生死对决，但是同样需要我们坚持不懈，以顽强的意志力坚持到最后胜利的时刻，在胜利之前决不放弃。细心的人会发现，大凡成功人士，全都有着超强的意志力。即使情况再怎么复杂，处境再怎么艰难，他们也从不会轻易放弃努力，更不会半途而废。正如一位名人所说，“人最大的敌人其实是自己”。当我们战胜了自己，也就会变得无往不胜。当你不肯投降，生活就一定被你所主宰。

相反，如果你动不动就放弃，那么你就会成为随命运的洪流随意摆动的一片浮萍，再也无法主宰自己的人生。只有不肯投降的人，只有从不言败的人，才是真正的强者。

上进，是你唯一的出路

你是否曾经在雨里行走？也许前一刻还艳阳高照，但是后一刻突然就狂风大作，暴雨如注。在这种情况下，你会怎么办？是退回去，还是一往无前地一路狂奔？既然没有伞，主动要在风雨的侵袭下前行，那么你就只能奔跑。这就像是反复无常的人生，也许前一刻还风和日丽，后一刻却突然遭遇灭顶之灾，幸福突然间灰飞烟灭，你就只能奔跑，尽快离开阴霾。对于没有退路的人而言，除了奔跑，勇往直前，再无其他的出路。

很多人都会抱怨自己没有有权有势的父母，他们还会羡慕年纪轻轻的富二代事业有成，出入豪宅，以名车代步。殊不知，富二代的父母也曾像你一样一无所有。因而，不管是为了自己，还是为了后代，我们除了努力奋进，再无其他的选择。尤其是当你已经尝尽了生活的艰辛，受尽了世人的冷眼，如果你不想未来还过这样的生活，如果你不想让孩子重蹈自己的覆辙，你必须抓住每一分每一秒的机会，勇敢地前行。

任何时候，命运都不会无缘无故地眷顾一个人。也许你只看到了他人的光鲜亮丽和成功光环，却不曾想到他人曾经万分努力，累到没有力气哭泣；也许你只看到他人的享乐和安逸，却不曾想到他们也曾衣不蔽体，食不果腹。阳光总在风雨后，哪一个成功不是踩着失败的阶梯？不管在何种情况下，只要你相比别人出色，你就必然要付出加倍的努力。

也许有人会说，在这个拼爹的年代，如果我们原本就很平凡，也没有任何可以依靠的靠山，那么或许不管努力与否，结果都是相同的。正是因为受这种心态的影响，很多人选择保持淡然。无论现实情况怎样，他们都相信宿命，因而不愿意努力。其实，只要我们坚持努力，坚持付出，怀着坚定不移的梦想，我们还是可以创造奇迹的。如今网络销售的传奇人物马云，当年也只是普通而又平凡的师范生，甚至高三时还复读过，但是他从不认为自己是平庸的。因此，他非常努力地改变命运，不畏人生的风雨。最终，现在的马云人尽皆知，他所创造的平台缔造了互联网销售的传奇。不得不说，这是巨大的成功。

从本质上说，努力奔跑是一种心态。当你在雨中行走，没有伞的庇护，努力奔跑的姿态让你始终怀着希望，永不放弃努力。而不疾不徐地走着，虽然前面也在下雨，后面也在下雨，但是却意味着宿命。任何成功的人，从来都不相信宿命。他们只相信——只要努力，就能创造奇迹。

主人带着一只驴子去赶集，回来的时候因为天晚了，驴子不小心掉进了一个很深的坑里。虽然主人想了很多办法，都不能把驴子成功地救上来。眼看着天越来越黑，主人决定放弃：毕竟这头驴子也已经很老了，也该寿终正寝了。

次日，想到驴子独自待在洞里忍饥挨饿，主人有些于心不忍，因而带着家人一起，拿上工具，想把驴子活埋了，以减轻它的痛苦。看到主人来了，驴子很高兴，以为主人是来救它的。但是，主人带领家人一个劲儿地朝着坑里扔进石块、垃圾、树叶等，驴子意识到主人是想活埋它，不由得害怕起来。随着人们往坑里扔的东西越来越多，驴子先是惊慌失措，接着突然意识到自己可以踩着这些东西往上爬，就这样，它越来越接近洞口，最后居然一跃而出。看着死里逃生的驴子，人们都为它的智慧赞叹不已。

对于一头年迈的驴子而言，尚且不愿意放弃每一个努力的机会，并且最终为自己再次赢得了宝贵的生命，更何况是我们人类呢？很多人在坎坷的境遇中会选择放弃，而真正的强者，越是身处逆境，越是要努力奋争，不放弃哪怕是一丝一毫的希望。

没有人的一生会是一帆风顺的，任何人任何时候都有可能遭遇沉重的打击，甚至是遭遇灭顶之灾。然而，只要我们不放弃，希望之火就会始终熊熊燃烧。平凡的你、平凡的我，必须牢牢记住：上进，是我们唯一的出路。也许有人会说：“努力了，也未必有回报。”我们要说：“如果不努力，则没有任何的希望和回报。”既然笑着也是一天，哭着也是一天，我们当然要笑着度过每一天；既然闲着也是一天，忙着也是一天，我们当然要充实地度过生命的每一天。

《阿甘正传》中有句话让无数人印象深刻：人生就像巧克力，你永远无法预测自己的未来。既然如此，我们就应该摆正心态，以努力的姿态，坦然面对生命中所有的馈赠。没错，就是馈赠！无论是惊喜还是惊吓，归根结底都是生命赐予我们的。阿甘从小就一直在奔跑，直到长大成人。正是因为他具有这样的姿态，他才能摆脱命运的困厄，最终成为美国的大明星，甚至还得到了总统的亲自接见。在硝烟弥漫的战场上，阿甘正是因为具备快速奔跑的能力，才能躲过呼啸而来的子弹和弹片，从枪林弹雨中救出战友，成为人尽皆知的大英雄。可以说阿甘的成功人生是他跑出来的。当然，我们无法复制阿甘的成功，但是我们却可以拥有阿甘努力奔跑的精神。人生就是一次奔跑，唯有永不停歇，我们才能跑出属于自己的精彩。

勇气的力量，超乎你的想象

人生会面临各种各样的困境，唯有勇气，才能帮助我们摆脱困厄，迎来命运的春天。越是当命运残酷的时候，勇气就越会促使我们的拼搏，让人感到难以置信；越是在绝境之中，勇气就会唤醒我们心底的力量，让我们发现完全崭新的自我。勇气的力量是无比强大的，甚至远远超出你的想象。因而，当你被别人嘲笑时，当你被他人藐视时，当你不知道自己的前途在哪里时，当你因为命运的困厄陷入绝望时，鼓起勇气吧。即使每一个人都否定你，你也要坚定不移地告诉自己："我能行！"

很多时候，打击不会单独而至。让很多人都应接不暇的是，那些打击总是接踵而至，让人无暇喘息。例如林肯在成功竞选美国总统之前，不止一次遭遇命运的无情打击，在失去未婚妻之后，他一度因病卧床不起。不得不说，这一连串的打击实在让他无法恢复，因而轰然倒下。但是他的心中始终燃烧着希望之火，始终充满着重头再来的勇气。在此后的日子里，即使遭遇再多的打击，他也能始终坚持，鼓足勇气，勇往直前。正因为如此，他才能最终成功竞选美国总统，开始了自己人生的新篇章。不只林肯，每个成功人士的人生轨迹中都必然有波峰也有波谷，甚至还会遭遇长期的困厄。唯有拥有顽强的毅力，他们才能最终战胜灾难，成就自我。作为普通人，只要我们坚持勇气与梦想同行，就能创造出生命的奇迹。

现代社会中还有几个孩子不知道迪士尼呢？甚至于很多成年人也都对米老鼠、唐老鸭的形象非常熟悉。可以说迪士尼不但创造了美国的动画神话，也给全世界的儿童们带来了童年的美好回忆。其实，大家所不知道的是，米老鼠和唐老鸭的创始人迪士尼，在成功创造出这些经典的动画形象之前，经历了长期的坎坷和挫折。

迪士尼很小的时候就热爱绘画，在美术课上，他充分发挥想象力，把植物画成人物的模样，而且还有着丰富的表情。但是对于他表现出的独特创造力，老师非但没有表扬和鼓励他，反而毫不留情地批评了他。在老师墨守成规的心里，植物根本不可能像人一样有面貌，有表情。尤其是当听到迪士尼说这些植物都会说话时，老师更是气鼓鼓地训斥他，让他以后不许再胡思乱想。幸好，虽然被老师严肃批评，迪士尼也没有改掉这个"坏毛病"。在他的画笔下植物和动物依然栩栩如生，就像活了一样。

中学时，迪士尼负责为学校的校刊画漫画。他很有想法，总是有奇思妙想，把校刊画得活灵活现。后来，他参加了第一次世界大战，并且利用闲暇时间创作漫画，遗憾的是他投递出去的漫画全都被退回了。编辑无一例外地说他缺乏新意，作品没有灵气。但是迪士尼凭着对漫画的热爱，毫不气馁，继续自己的创作。战争结束后，迪士尼回到祖国，立志要实现自己的画家梦。但是他却处处碰壁，没有任何人欣赏他的绘画才能。后来，迪士尼进入一家广告公司，边工作、边学习，不断积累沉淀。最终，迪士尼和哥哥在一个破旧的仓库里成立了属于自己的公司，并且创造出风靡世界的米老鼠形象。从此之后，他一发而不可收，相继创造出唐老鸭、白雪公主、匹诺曹等动画形象，全都大获成功。后来，迪士尼更是倾尽所有，拍摄了彩色动画片《白雪公主》，最终获得了巨大的成功，该作品成为世界动画片史上的里程碑。

在迪士尼获得成功之后，极具影响力的《纽约时报》给予了他极高的评价，说他是世界上最伟大的漫画大师。至此，迪士尼此前所有的坚持、努力和勇气才进入人们的视野，得到了无数人的认可和崇敬。如果没有勇气坚持，只怕迪士尼早就在诸多的否定中失去了信心，小朋友们也就失去了许多如此经典有趣，能给他们带来美妙童年的动画形象。

每一个人在实现梦想的路上，都必然要经历很多的坎坷和挫折。那些最终获得成功的人也许天赋异禀，也许拥有恒心和毅力，但是他们无一例外地都有一种特质，那就是充满勇气。如果希望是人生的领航灯，那么勇气则是人生源源不竭的动力。正是因为有勇气的支撑，我们才能在坎坷的人生路上始终坚持不放弃，直到到达理想的彼岸。有勇气的人，从来不怕被嘲笑，更不怕独自一人踯躅前行。他们坚信，只要沿着梦想的道路继续走下去，不管是否要经历风雨，都永不停歇，他们最终一定会有惊喜的收获。

成功者总是有着明确的目标

细心的人会发现，那些所谓的成功者，其实并没有多少异于常人的地方。看起来，他们也是普普通通的平凡人，根本没有太特别的出色之处。这与人们平时所认为的成功者与失败者的差距就在于天赋，截然不同。那么，既然成功者并没有太多的过人之处，他们又是如何在平淡无奇中获得成功的呢？其实，成功者与失败者之间最显著的差别在于：成功者总是有着明确的目标，而失败者总是在混沌度日中浪费宝贵的生命，最终一事无成。

很久以前，山里有座寺庙年久失修，已经破败不堪了。方丈决定修葺寺庙，从而也使香火更盛。在经过一段时间的忙碌后，寺庙的大堂已经修缮一新，但是院子里的一棵树遮天蔽日，恰恰挡住了照射大堂的阳光，使得整个大堂十分昏暗。思来想去，方丈决定砍掉这棵大树。一天，他喊来大徒弟和小徒弟，让他们合力完成这个艰巨的任务。大徒弟和小徒弟领命而去，各自拿着一把斧头来到院子里。正当他们准备砍树时，大徒弟却发现自己的斧头卷刃了，不够锋利。因而，他对小徒弟说："你等着，我去找木匠换一把斧头。"小徒弟劝大徒弟等到砍完树再去，大徒弟不以为然地说："哎，磨刀不误砍柴工，难道这个道理你不明白吗？"说完，大徒弟就山下去找木匠换斧头了。

到了木匠家里，大徒弟说明来意，不承想，木匠的斧头前一天也用坏了。不过，木匠愿意把自己的锯借给大徒弟用，但是大徒弟坚持说："锯子怎么能砍树呢？！这样吧，我去找铁匠帮你修好斧头，然后你再把斧头借给我。"说完，大徒弟就来到铁匠家里。铁匠听到大徒弟说明来意，抱歉地说："我家没有炭火了，没法锻造斧头。"大徒弟说："我去帮你找炭烧，你等着！"然而，烧炭的人也已经很久没有进山拉木头了，因为他的牛走丢了，所以他没法儿运送木头。听到这里，大徒弟义不容辞地说："我去帮你找牛吧。"说完，大徒弟就走进深山老林，四处帮烧炭的人寻找走丢的牛。几天之后，方丈看到院子里的大树还在，不由得质问小徒弟是怎么回事。小徒弟告诉方丈："大师哥去深山里给烧炭的人找牛了……"方丈惊讶极了，等到他知道真相之后，不由得连连摇头。

在这个事例中，大徒弟在找木匠借斧头之后，就全然忘记了自己最初的目标。他先是帮木匠找铁匠修斧头，接着又帮烧炭的人寻找走丢的牛，却根本想不起来自己只是想要砍树。最终，他非但没有完成方丈交代的任务，甚至差点儿把自己丢在漫无边际的大森林中。

生活中，有很多人在最初的时候都是目标明确的，但是在实现目标的过程中，他们却因为很多因素的干扰，渐渐忘记了自己制定的目标。他们变得随波逐流，不知所踪，最终距离成功越来越远。毫无疑问，生活中情况千变万化，的确让人应接不暇。然而无论怎么转化，我们都不能忘却初心。否则，我们的奔波忙碌还有什么意义呢？曾经有心理学家进行过专门的调查，发现真正目标明确的人只占到3%。这些极少数的人，总是能够朝着目标坚定不移地前进，即使遭遇坎坷和挫折，也从不会轻易改变。他们最终获得成功，成为极少数的成功人士。相反，剩下97%的人，要么目标不明确，要么没有目标，或者即使有目标，也会在行动中受外因的影响渐渐迷失方向。最终，他们精神空虚，碌碌无为，白白浪费了宝贵的生命。

虽然时间对于每个人都是公平的，不管人是有钱有势，还是一贫如洗，时光都毫不留情地匆匆流去。但是，时间对于每个人的意义却是完全不同的。有些人在流逝的时间里充实自己，有些人则只是在岁月的沉淀里虚长几岁而已。如果时间对于我们而言只是年龄的增长，那么这样时间就被完全虚度了。和遥远的成功相比，目标就是驶向成功的起点。我们要想成功，首先要为自己构筑起点，然后才能不遗余力地朝前奔去。如果担心不小心会忘掉目标，我们不如采取一些形式帮助自己牢牢记住目标，诸如把写有目标的纸贴在显而易见的地方，就像每到高三老师都会在教室贴上倒计时的日历牌一样。有的时候，我们还可以经常默念自己的目标，如此潜移默化的加以强化，对于实现目标有莫大的好处。从现在开始，行动起来吧！

稍安勿躁，你才能倾听花开的声音

如果你生活在大都市，你的清晨一定是忙碌的。除了休息日之外，几乎每天，人们都早早起床，然后匆忙洗漱，经过路边摊的时候随便买点儿东西果腹，然后就行色匆匆地朝着公交车站、地铁站奔去。尤其是当到达公司所在的写字楼下，却发现还有几分钟就要过了打卡时间时，如果电梯门口排了长长的队伍，你就恨不得长出一对翅膀，飞到楼上。直到打完卡坐在办公桌前，你才能为匆忙的早晨画上一个休止符，为自己冲泡一杯咖啡或者清茶，享受片刻的宁静；接下来面对的就是一天时间里堆积如山的工作；好不容易熬到下班，又是拥挤如潮的人流；等到你终于能够放松下来躺在床上时，已经是午夜时分了。这样的一天又一天，简直熬干了人们所有的心血，榨干了人们一切的精力。这就是现代生活中一个工作日的缩影，而且大多数职场人士都在过着这样争分夺秒的生活。你可曾发现，自从你在大城市落足，你已经很久没有坐下来吃过早饭了，也已经很久没有享受丰盛的晚餐了。时间，都去哪儿了？

现在社会，全体成员都进入快节奏的生活和工作之中，甚至忙得没有时间望一望头顶的蓝天，也没有时间看一看路边随处可见的小小野花。时间，都去哪儿了？在不知不觉长出的皱纹里，在悄然爬上头顶的白发里，半生时光已经匆匆溜走。这样的匆忙真的是我们想要的吗？这样快节奏的生活真的是幸福的源泉吗？不管怎么忙，我们都应该静下心来，拒绝烦躁，倾听花开的声音，倾听阳光噼里啪啦绽放的声音，倾听我们内心深处被压抑的声音。

很久以前，有个少年做梦都想练就一身好本领。为此，他历经艰难险阻，来到遥远的深山里，寻访一位功夫高强的武林高手。这位高手是个隐士，从来不愿意见到外面的人。不过少年非常有毅力，他一天又一天地守候在隐士的门外，想打动隐士。果然，十几天之后，隐士出门，少年终于得见隐士一面。得知少年的来意后，隐士笑而不语。少年问："请问师父，如果我不遗余力地勤学苦练，大概多长时间才能练就一身好本领？"隐士淡淡地说："10年。"

少年又问："10年？！那么如果我夜以继日，不眠不休，大概多长时间才能学成呢？"隐士惊讶地看着少年，说："不眠不休？至少要30年。"少年惊讶极了："为什么我加倍努力，却需要更多的时间了呢？"隐士却不再说话。眼看着隐士渐渐走远，少年赶紧追问："如果我不计后果，奋不顾身地练习呢？"隐士头也不回，声音从远方传来："用尽一生也未必能够成功。"看着隐士远去的背影，少年苦苦思索，最终找到了答案：原来，很多事情都是欲速则不达的。只有保持淡然的心境，戒骄戒躁，踏踏实实地勤学苦练，才能达成目标。

民间有句俗话叫心急吃不了热豆腐。虽然这句话听起来平淡无奇，但是却蕴含着深刻的道理。很多事情，越是急躁，反而越容易事与愿违。因为世界上的万事万物都有其自身的规律，违背规律是不可能得到圆满结果的。早在小学时，我们就看过揠苗助长的故事。该故事中为了帮助幼嫩的禾苗长得快一些，农夫把每根禾苗都拔起来一大截，不承想，禾苗很快就都枯死了。提起幼苗，不由得让我们想起现在的孩子。和20世纪80年代出生的孩子的童年相比，如今的孩子们简直被摧残得不再像是祖国的花朵。他们除了要完成正常的学习任务之外，几乎每个周末都在奔波补习中度过，丝毫没有自由的玩耍时间。也许童年对于他们而言，就是在不同的补习班之间来回穿梭。不得不说这既是孩子的悲哀，也是时代发展的悲哀。

很多人为了尽快实现自己的远大目标，因而心生急躁，恨不得无须等待，就能经历所有的生命历程。每一个生命来到这个世界上，都是向死而生的，每个人从出生开始，就行走在通往黄泉的路上。这样想来，一路狂奔奔向目标又有什么意义呢？我们唯有保持淡然的心境，坦然欣赏生命旅途中的风景，才不枉活这一生。生与死，就像是人生之中的两个点。当你总想一蹴而就地很快成功，你也就失去了奋斗拼搏的这段生命历程。因而，不要急躁，该排队的时候排队，该等待的时候等待，该悠闲的时候悠闲，该迅速的时候才能迅速。

从另一个角度来说，急躁也往往会使事情变得事与愿违。首先，急躁的人往往心浮气躁，也许对于一件原本简单的事情，他们的处理也会不尽如人意。其次，急躁的人会影响其他人，导致其身边的人也与他们一样失去定力，从而整个团队的合作都会受到影响，这一点在职场上尤为明显。最后，急躁的人最会忙中出错。这一点相信大家都深有体会。这样的结果就是原本为了提高效率，最终却因为错误频出导致效率低下，甚至把事情搞砸了。这样一来，岂不是更加得不偿失吗？！所以，朋友们，从现在开始就戒除急躁吧。花开，需要等待；成功，需要酝酿；美酒，需要窖藏。人生中每一件美好的事情，都需要用时间“慢火熬煮”，谁也不能超越和省略这个过程。

第04章

让将来的你会感谢如今努力的自己

很多人都相信命运，其实，命运并非是命中注定的，而是取决于我们此时此刻的点滴努力。如果你想让自己的将来更加灿烂辉煌，如果你想让未来的自己不会因为现在的松懈而懊悔不已，那么你从现在开始就要努力。相信，等到将来的某一天，你一定会感谢现在努力的自己。因为你今日的努力也许不会马上有所收获，但是你今日的努力在未来的某一天，一定会给你意外的惊喜。前人种树，后人乘凉，在你的一生之中，也可以今日种树，未来享受阴凉。总而言之，这个世界上没有什么是可以不劳而获的。要想拥有丰满的人生，你就必须从现在开始努力汲取营养。

成就你的，正是不懈努力的你自己

每个人在心中对于自己都有一定的描绘，随着生命历程的推进，这种描绘也在不断地改变。然而，无论怎样，我们对于未来的憧憬都是让自己美好、成功、完美。总而言之，我们恨不得占尽所有的真善美，得到人世间一切值得骄傲的东西。在幼儿时期，我们也许最崇拜的人是自己的妈妈，因为妈妈总是像个魔法师，能够瞬间变出美味的食物，还能在我们哭泣时帮助我们擦干眼泪；等到渐渐长大，已经是儿童的我们开始崇拜老师，小小的脑袋里怎么也想不明白老师为什么无所不知，尤其是三尺讲台上的老师更是犹若帝王，字字珠玑；青春期到来的时候，我们既不想成为爸爸妈妈，也不想成为老师，我们恨不得把自己变得谁也不认识，成为宇宙间最独特的人；进入恋爱期，我们又开始不假思索地崇拜那个我们单相思很久的恋人。在漫长的成长过程中，我们不停地给自己树立榜样，恨不得成为每一个我们崇拜的人。最终，心智成熟的我们发现，我们无法变成任何人，我们只能成为自己。

如果注定了你谁也不是，谁也不像，你只能是自己成就的样子，你是否会在年少时更多几分努力，而少几分张狂？你会不会在情窦初开时，挤出更多的时间充实自己，而不是一味地花前月下？不可否认生命中有太多的东西吸引我们，让我们根本不可能全力以赴去实现心中的梦想。等到我们真正明白理想有多重要时，时光已经匆匆流逝了。所以，本文就要告诉大家，明天的你究竟怎样，完全取决于现在的你有多努力。

这个世界上没有无缘无故的成功，即使你是富二代、官二代，你也必须凭借自己的能力才能生活得更好。这山望着那山高，很少有人对于自己的生活感到完全满意。在这种情况下，我们必须努力，除此之外，别无出路。

华罗庚作为我国著名的数学家，他的成才之路并非一帆风顺。华罗庚出生于1910年11月12日，他的家乡在江苏省金坛县。那个年代，家家户户都很贫穷，华罗庚家里也不例外。但是，他非常爱学习，从小学到初中，成绩始终名列前茅。有一次，初中数学老师给全班同学出了一道数学题：今有物不知其数，三三数之余二，五五数之余三，七七数之余二，问物有几个？正当其他同学还沉浸在苦苦思索中时，华罗庚就站起来毫不迟疑地说出了答案——23。看到华罗庚如此思路敏捷，老师当即表扬了他。从此之后，华罗庚就与数学结下了不解之缘。遗憾的是，因为家庭贫困，父母实在无力继续供养华罗庚上学，因此华罗庚只读了初一，就辍学回家了。当时，华罗庚家里正好开了一家杂货铺，因而他一边帮助父母看守杂货铺，一边抓紧点滴的时间苦练数学题。经过长久的自学，华罗庚的数学学习从未中断。后来，清华大学数学系主任熊庆来读了华罗庚的论文《苏家驹之代数的五次方程式解法不能成立的理由》，非常赏识他的才华，因而特意向他发出邀请函，让他来到清华大学当教师。在清华历史上，华罗庚是开天辟地头一个获此殊荣的人。

华罗庚在数学领域的造诣有目共睹，他不但有很多研究成果，而且还为国家培养了很多优秀的人才。在数学的天地里，华罗庚无疑是一颗璀璨的明星。

从华罗庚的事例中我们不难看出，一切的成功都源于人们自身的努力。否则，即使客观条件非常好，如果缺乏努力，任何人也是无法成就自己的。假如华罗庚从辍学之后就老老实实地和父母经营杂货铺，那么他也许一辈子都碌碌无为。但是他没有屈服于命运的安排，而是努力地改变命运，最终成就了自己。也许有人会说是因为熊庆来，华罗庚才能前无古人地进入清华大学，形成命运的转折点。而我要说的是，熊庆来的赏识，正是因为华罗庚的努力和才识。毫无疑问，熊庆来不会赏识一个看守杂货铺的小伙计，但是他却会赏识一个在数学领域有独特造诣的人。换言之，华罗庚的好运完全是他自己努力的结果。因而，与其嫉妒他人的幸运，不如自己从现在就开始努力。

华罗庚终于变成了自己想要成为的人，那么你呢？你距离自己理想中的样子还差多远？你愿意以怎样的方法实现自己的梦想？古人云，“天时地利人和”。的确，成功需要诸多因素的综合作用，尤其是在竞争激烈、人才辈出的现代社会。永远不要抱怨自己承受着巨大的压力，因为那些成功的人所承受的压力远远大于你；永远不要觉得自己努力得太迟，因为只要开始就有希望。从此时此刻起，就让我们怀揣着梦想，努力成就自己吧！要记住的是，成功从来不是一蹴而就的，一朝一夕的努力并不能让你有明显的改变。要想获得成功，仅努力一时是远远不够的，还要在一切艰难坎坷中持续不屑地努力，你才能距离自己的梦想越来越近！

感谢那个声色俱厉地指责你的人

人们常说笑容是最好的妆容，当你面带微笑地看着他人，他人一定能够感受到你的友善。的确，我们愿意与对着我们笑的人在一起，与他们亲近，和他们交往。但是，恰恰生活中并非如我们所愿的那样，人人都对着我们笑。很多时候，我们看到的是他人阴沉的脸。这个声色俱厉地指责你的人或者是我们的父母、老师，或者是我们的上司、同事，或者是我们的朋友、同学，也或者是与我们初次见面的陌生人……总而言之，他们有可能是任何人。换言之，任何人都有可能突然间对我们变脸，把笑脸变成严肃的脸，变成带着责备意味的脸，变成带着尖锐目光的脸。那么，面对这样一张脸，你究竟应该怎么办呢?

人在一生中，总会遭遇他人声色俱厉地指责并毫不留情。当时光流逝，最终功成名就的人会发现，他们要感谢那些曾经对他们声色俱厉地指责过的人。在他们迷惘时，在他们犹豫时，在他们即将误入歧途时，是那些人把他们从人生边缘拉回来，让他们从此走上正路。生命，就像是化蛹成蝶的过程，总要经历一次次艰难的蜕变，才能变得成熟美丽。人非圣贤，孰能无过，当你被那一张张严厉的脸警醒，你恍若再次抓住了命运的转机。

9岁的乐乐正在读小学3年级。开学没几天，他就因为做阑尾炎手术请了半个月的假。刚刚复课没多久，又在11月1日滑旱冰时，不小心摔断了腿。他由于是右腿胫腓骨骨折，所以整条右腿都被打上了沉重的石膏——从脚趾头到大腿根，丝毫不能动弹。这个石膏一打就是两个半月。后来，由于乐乐身强体壮，体重太重，所以又在床上休养了两个多月才下床。这么一来，他必然要休学。原本，妈妈和爸爸已商量好要给他办理休学手续。一个偶然的机会，他妈妈的好朋友、当老师的乔阿姨对他妈妈说："乐乐识字多，知识面广，你以前也是老师，完全可以在家里教他啊，这样就不用休学了。"

在没有拆石膏之前，乐乐不能坐立，因而很抵触妈妈教他书本上的内容。直到两个半月后拆除了石膏，妈妈才开始安排他上课。无疑，对于忍受着肉体上痛苦的乐乐而言，在家中独自学习是需要毅力的一件事情。为了补课，妈妈和乐乐不知道发生了多少次冲突。每当乐乐想要打退堂鼓时，妈妈就会声色俱厉地严格要求他按照课程进度上课。为此，乐乐常常委屈不已，甚至伤心地哭泣。为了乐乐的前途，他妈妈毫不心软，依然从严要求。可以说在补课的这段时间里，妈妈始终时而温柔，时而像个女魔头。漫长的时间过去了，乐乐即将返校读书。妈妈用三年级的期末试卷给乐乐进行测试，数学99分，语文94分，这个成绩即使在正常上学的孩子里，也算是不错的了。看到这个成绩，乐乐满怀信心地回校去上学。果不其然，他的语文和数学知识掌握得很好，甚至比很多在校的同学学习成绩还优秀。此时，10岁的乐乐由衷地感谢妈妈说："妈妈，感谢你在一年时间里对我进行的魔鬼式训练，感谢你骂我打我，声色俱厉地要求我，才让我返校后就得到老师的表扬，而且学习上很轻松。

10岁的乐乐显然说出了自己的心声，虽然他在漫长的时间里数次与妈妈因为学习的事情发生冲突，甚至闹得很不愉快，但是刚刚返校他就感受到了妈妈的良苦用心。这么小的孩子尚且知道这个道理，更何况是我们成人呢？！因而，不管是在生活中，还是在工作中，我们都应该更加理性地对待他人的否定、鞭策和激励。唯有如此，我们才能做好自己，也才能成就自己。

人在一生之中，难免会遇到各种各样的坎坷和挫折。在遭遇挫折的时候，如果你想放弃，那个声色俱厉地指责你的人就是你的动力；在困难面前，如果你想退缩，那个声色俱厉地指责你的人就是你的支持者；在诱惑面前，如果你忍俊不禁、心驰神往，那个声色俱厉地指责你的人就是你的警戒……总而言之，那个声色俱厉地指责你的人，一定好过那些对你阿谀奉承的人。因为，声色俱厉地指责你的人带给你的是清醒，是理智，而对你阿谀奉承的人带给你的只是昏庸。这也是为什么几千年来，每个贤明的君主身边一定会有几个勇于进谏的谏臣的道理。督促和鞭策，才能使君主把国家治理得井井有条，国泰民安。所以，感谢那些在你生命中出现的声色俱厉地指责你的人吧，只因为有他们的存在，你才有今日的成就，也才能始终保持神智的清明。

在强者眼中，面临绝境要破釜沉舟

在很多美国大片中，到了剧情的高潮，我们总是看到那些神一样的男主角，似乎是天神转世，从来不知道劳累和疲惫，仿佛他们的身体里蕴藏着整个宇宙的力量。为什么他们能如此强悍呢？很多观看影片的人都会觉得不可思议。其实，当你身处绝境时，你的身体就会爆发出你所难以想象的力量。而且，对于身处绝境的人，不管做出怎样疯狂的决定，他们都会坦然相对，丝毫不会觉得不可思议。正因为如此，那些在影片中陷入绝境的男主角，才能像天神一样不知疲惫地战斗，直到事情的结局让他们满意为止。当然，我们不排除影片会有夸张的成分，但是这种夸张是源于真实的夸张，是完全有事实和理论依据的。

绝境，听起来就让人毛骨悚然，似乎当事者除了束手就擒之外，再也无计可施。实际上，所谓的绝境只是相对而言的，除非生命戛然而止，否则就没有真正的绝境存在。我们知道，世界是客观的。那么，对于不同的人而言，绝境有什么不同呢？对于弱者而言，绝境是吞噬他们的深渊；对于强者而言，绝境却是锻造他们的熔炉，是他们凤凰涅磐、浴火重生的机会。

毋庸置疑，只要我们活着，或大或小的困难就会如影随形。我们在生活中随时随地都会遇到困难。然而，因为每个人面对困难的心态不同，解决问题的决心不同，应对变化的反应不同，所以每个人在经历困难之后的结局也是完全不同的。

曾经，作为北京大学外语系教师的俞洪敏，过着非常普通的生活。直到他身边的很多同学都相继出国，俞洪敏才动了心思，也想去国外看一看，见见世面，以获得更好的发展。为此，他当机立断，开始做出国的准备。然而，出国的费用很高，远远不是刚刚毕业不久的俞洪敏那点儿微薄的薪水所能付得起的。思来想去，俞洪敏想出了一个挣钱的办法，那就是在校外兼职做家教，这样无疑相当于多了一份不菲的收入。然而，正当俞洪敏在初秋的雨夜与朋友一起小酌，憧憬未来时，突然学校的高音喇叭响了起来……原来，学校已经知道了俞洪敏在校外兼职的事情，而且因为他总是打着学校的旗号，决定给予他处分，以起到警示作用。从那个夜晚开始，对他的处分连续在大广播里循环播放了三天，俞洪敏感到颜面全无，更无法坦然面对昔日所教的学生们。为此，他当机立断，决定辞职。现在来看，俞洪敏当初是被逼着离开北大的。不过，也正是因为辞职，才为俞洪敏的人生打开了新的天地。

辞职之后，俞洪敏更没钱出国了，为了挣钱，他决定下海。他凭借之前的培训经验，先是费劲千辛万苦地申请了一张开办私人学校的许可证，后来又租了一间小小的平房，自此新东方培训学校诞生了。这所培训学校没有其他课程，专门培训英语。因为定位准确，再加上有俞洪敏此前积累的丰富人脉，所以很快就打开了局面，培训学校办得风生水起。现在，新东方已然成为中国首屈一指的英语培训学校，在国内外都影响广泛。如今，已经功成名就的俞洪敏想起当年自己的经历，曾经感慨地说：“如果没有当初的背水一战，就不会有今日的新东方。”

一千多年前，古人就留下了“破釜沉舟”“置之死地而后生”等名言。这些都是描述人们在绝境中的表现和结果的。毫无疑问，项羽破釜沉舟，最终打败秦军，加速了秦国的灭亡。无疑，这是强者在绝境之中成功逆袭的典范。为什么项羽在发动进攻之前要破釜沉舟呢？就是为了让全体将士没有退路，因而能够做到心中毫无障碍，专注一念，只想要与秦军拼个你死我活。如果没有这样的气势，想必打败强大的秦国还要多费很多周折。

人生，既有一帆风顺的时候，也有遭遇狂风暴雨的时候。然而，只要活着，这个世界上就不会无路可走。越是艰难的时候，越是考验我们的意志力和人格的时候。我们必须熬过最难的时刻，才能重新打开局面，走入人生的新境界。任何成功都不是无缘无故的，要想获得成功，我们就必须从最艰苦的地方做起，在最沉沦的地方展翅。是雄鹰，总有翱翔于高空的那一天；是条龙，就不会永远被困在泥沼中。真正的强者，一定有着顽强的毅力，哪怕是身处逆境，也绝不放弃。相反，越是艰苦卓绝的环境，越能表现出强者的坚强不屈。当一件事情已经糟糕透顶，就不会再有更糟糕的情况出现。既然等待着你的都是好消息，都是好的转化，你又为何要感到灰心绝望呢？不管从哪个角度来说，对于强者而言，绝境都不是绝境，而是绝处逢生的好地方。

龟兔赛跑，乌龟成功了

有一天，健步如飞的兔子要和慢吞吞的乌龟赛跑。兔子骄傲地说："你呀，肯定会被我远远地甩在后面。你的小短腿，实在是爬得太慢了。"乌龟慢吞吞地说："虽然我爬得慢，但是只要我坚持不懈，我就一定能够到达终点。早晚有一天，我会爬到你的前面去。"随着一声发令枪响，兔子就像离弦的箭一样，一下子就跑得杳无踪迹了。乌龟呢，则慢慢吞吞地开始爬。兔子跑了一会儿之后，发现根本看不到乌龟的影子了，又有些劳累，因而躺在路边的一棵大树下休息，不一会儿就呼呼大睡起来。此时此刻，乌龟依然在坚持不懈地爬着，当它爬过兔子的身边时，兔子还在呼呼大睡呢。等到日落时，兔子一觉醒来，发现乌龟已经爬过了终点，取得了胜利。乌龟和兔子赛跑，看起来似乎毫无悬念，但是结果却出人意料。与健步如飞的兔子比赛跑，乌龟胜利了，就因为乌龟不知疲倦，始终全心全意地朝着目标努力奋进。骄傲的兔子自以为是，产生了轻敌思想，最终落得个贻笑大方的结局。

民间有句俗话叫笨鸟先飞。不得不说，人的天赋存在着巨大的差异，有些人就是在某一方面天赋异禀，轻轻松松地就能完成那些他所擅长的事情。和这些人相比，没有天赋的人就要以勤补拙，笨鸟先飞，为自己抢占一点点先机以弥补天赋不足。在人生之中，诸如龟兔赛跑这样的事情时有发生。因而，天赋高的人千万不要自以为是，世界上从未有一蹴而就的成功，更没有从天而降的馅饼。任何人要想获得成功，都必须付出努力。相反，即使是天资愚钝的人，也不要轻易放弃，所谓勤能补拙，只要朝着目标坚持不懈地奋进，早晚能够到达终点。

著名的京剧大师梅兰芳先生，是中国众人皆知的“京剧四大名旦”之首。他的艺术成就成为中国京剧发展史上的一座丰碑。然而，很多人都不知道，出身于京剧世家的梅兰芳，其实在京剧表演方面缺乏天赋。他之所以能够取得伟大的成就，完全是因为他目标明确，坚韧不拔地朝着目标努力奋进的结果。

很小的时候，梅兰芳就拜师学习京剧。但是老师断言他不是唱戏的料，他眼神呆滞，根本无法用眉目传情。原来，梅兰芳从小就是近视眼，不但眼珠转动不灵活，而且遇到风的时候还会不停地流眼泪。在听到老师的断言后，梅兰芳当即开始勤练眼神。为了让自己的眼珠转动更灵活，他特意喂养了几只鸽子，每天早晨都在放飞鸽子之后，盯着越飞越远的鸽群看。经过十几年持之以恒的苦练，他不但视力得以恢复，而且眼神也越来越灵活。再次登台表演时，梅兰芳的眼睛灵活传神，总是能够传情达意，观众们都夸梅兰芳的眼睛会说话。

在舞台上，梅兰芳主要扮演女性角色。为了演好女性角色，他煞费苦心。有段时间，他总觉得自己对女性受到惊吓时的神情把握得不够到位，因而常常用心揣摩。有一天，当梅兰芳回到家里时，发现妻子正在全神贯注地扫地，他不由地想：“假如此时突然发出巨响，她一定会受到惊吓，妻子会是怎样的表情呢？”想到这里，梅兰芳毫不迟疑地端起一个瓷器花盆，将其狠狠地摔在地上。妻子当即被吓得惊声尖叫起来，还情不自禁地把手里的笤帚扔出了很远。梅兰芳抓住了妻子的瞬间表情。从此之后，他不停地练习，用心揣摩，最终活灵活现、恰到好处地表现出女人惊恐万分的神情。正因为如此用心，梅兰芳才能在艺术创作的道路上不停地突破自我，追求创新。

梅兰芳的进步，不仅仅因为他勤奋刻苦，还因为他虚心求教。和很多名人要大牌不同，梅兰芳始终认定那些能够为他指出缺点的人，才是他真正的老师。为此，面对他人为他指出错误时他不但毫无芥蒂，而且万分感谢对方。

梅兰芳在艺术上造诣颇深，而且不断进取，是因为他始终牢记自己的目标，而且坚信勤能补拙，还坚持虚心求教。假如我们也能像梅兰芳一样，戒骄戒躁，始终努力上进，相信即便我们的人生注定是平凡的，我们也依然能活得不平凡。

专注于目标的人，即使没有独特的天赋，也终究能够发现惊天的奥秘。当你专注于目标，你就会凝聚自己所有的精神和力量，心无旁骛，专心致志。可以看看那些成功的人，他们之所以能够获得成功，无一不是因为专注。不可否认那些终日彷徨，做事三心二意、朝三暮四的人，是不可能取得成功的。很多名人都把自己的成功归结于对目标的专注，例如股神巴菲特。在巴菲特的一生之中，他只关注商业活动，除此之外，对任何事情都置若罔闻，视若无睹。

专注不但能使人们更加集中心智，也使人更深刻地感受到正在做着的事情中蕴含着的无穷乐趣。当你专注于目标，你就会把过程中的坎坷和挫折视为磨难，而不是视为灾难。也正是因为有这些曲折的经历，才使你的收获变得更加甘甜和醇厚。在埃及有句俗语，意思是说只有雄鹰和蜗牛才能到达金字塔的塔尖。雄鹰展翅翱翔，飞入高空，轻而易举就到达了金字塔的塔尖；蜗牛呢？虽然爬起来慢慢吞吞，更没有翅膀可以使用，但是它却始终朝着目标前进，从不因为无关的事情分散心神。只要假以时日，它同样能与雄鹰一样，到达金字塔的塔尖，享受从高空俯视、一览无余的畅意。人生也如金字塔一般，要想顺利登顶，必然会遇到很多难以想象的困难和障碍。任何时候，我们只有专注于目标，才能排除万难，一往无前。

吃得苦中苦，方为人上人

温室里的花朵虽然美丽，却万分娇气，经不起任何风吹雨打。人也是如此。如果一个人在温室里长大，那么他永远也无法经风历雨，成就自己。现代社会中很多父母和长辈都喜欢无微不至地照顾孩子，恨不得把孩子含在嘴里，捧在手心里。殊不知，当这些集万千宠爱于一身的孩子们长大之后，父母已经渐渐老去，他们能够独当一面面对残酷的现实吗？所以我们说，当父母对孩子过于溺爱，就不是爱孩子，而是害孩子。同样的道理，我们作为成人，也应该勇于面对磨难和考验。人生，最重要的是经验的积累和经历的丰富。拥有一张恰似白纸的人生，我们是不可能有任何收获的。

常言道，“吃得苦中苦，方为人上人”。对于“吃苦在先，享乐在后”这句话，人们其实早有耳闻。只不过，有些人总觉得自己生来就应该享乐，对于需要吃苦去从事的工作，他们都万分排斥。从另一个角度来说，这也是其父母造成的。例如，很多父母从孩子一出生就把孩子当成家里的小公主、小皇帝，等到孩子渐渐长大，父母也渐渐老去，矛盾就此产生：已经把享乐当成习惯的孩子们，对于父母的力不从心往往会怀恨在心。记得网络上曾经流传着一则新闻——一位单身妈妈独自供养孩子出国读书。后来，孩子因为几次三番向妈妈要钱，妈妈都没有给，因而在其回国刚下飞机时就捅了自己的妈妈一刀。发生这种事情，未免让人感到寒心，却也给全天下的父母们敲响了警钟：养育孩子，千万不能养虎为患啊！

对于成人而言，吃苦也是必须的。有谁能说自己的一生注定平顺，毫无坎坷呢？！通常情况下，每个人都会遭遇生活的磨难。如果我们一旦吃苦，就马上退缩或者放弃，那么注定我们在一生之中都不会有任何成就，哪怕仅是维持正常的生活也会变成奢望。归根结底，我们必须学会承担。只有学会承担，我们才有资格享受，也才能迎来雨过天晴。很多人都无限向往成功，对成功的渴望越是强烈，我们也就越要在苦难中磨炼自己的意志。这是通往成功的必经之路。

一座寺庙正在修缮，方丈决定重新雕刻一尊石像，供信徒们顶礼膜拜。雕刻家经过精挑细选，选出了两块有灵气的巨大石块。这两个石块的质地相差无几，不过其中有一块石头的形状更好一些，更容易雕刻成佛像。因此，雕刻家决定先雕刻那块形状好些的石头，争取一步到位。不承想，雕刻家刚刚雕刻了几刀，石头就开始抱怨："哎呀，好疼啊，简直太疼了！"雕刻家说："忍耐下吧，很快你就会成为万人敬仰的佛像啦。"石头听了之后，勉强说道："好吧，我只能忍耐几天。"不承想，等到雕刻家再次下刀子时，石头又开始哼哼唧唧，只坚持到第二天就开始怨声载道，还大声哀号。这让雕刻家根本无法一心一意地工作，为此，雕刻家决定放弃这块石头。

为了避免重蹈覆辙，雕刻家在开工之前问另一块石头："我想把你雕刻成万人膜拜的佛像，不过你要忍受千万刀的痛苦。你能忍受吗？"另一块石头毫不迟疑地说："我愿意，我能忍。"雕刻家又说："你不能喊疼，也不能哀号，否则我就没法儿工作了，甚至会前功尽弃。"另一块石头说："放心吧，我保证一声不吭。"得到石头地承诺，雕刻家开始大刀阔斧地工作。他先是剥除石头外面脏兮兮的一层“皮肤”，接下来就开始“切肉削骨”，石头疼极了，看着自己血肉横飞，它始终咬紧牙关忍耐着。因为它知道，这番吃苦之后它就会成为人们眼中的佛像。而且它也很清楚，没有千雕万琢，它就不能改头换面，立地成佛。石头一边忍受着刻骨的疼痛，一边满怀期待地憧憬自己未来的样子。半个月之后，石像雕刻完了，另一块石头变成了庄严威武的雕像，矗立在高高的庙宇中，安然享受人们供奉的香火。由于参拜的人们川流不息，方丈决定打碎之前那块废弃的石头用它铺路，下雨时道路就不再泥泞了。

就这样，因为吃苦的程度不同，两块石头的命运也迥然不同。那块形状较好的石块，反而变成了被千万人踩在脚下的碎石块，而那块形状普通的石头，则因为忍受了千雕万琢，成为了供万人敬仰和信奉的佛像。

两块石头因为不同的品性，最终的命运迥然不同。换作是人，也同样如此。即使两个起点相同的人，如果一个能够经受苦难的折磨，始终坚持不放弃奔向远方的目标，而另一个却动辄就放弃、退缩，那么他们的命运一定会迥然不同。

你可曾吃过遭遇风霜的苹果？在经历风霜之后，苹果原本美丽的模样会颜值降低，但是它们的口味却变得极佳——甘甜清脆，让人吃过之后再也不能忘记，这就是经历风霜的蜕变。人世间所有美味的果实，无一不是经过风吹雨打，才能呈现最佳品质。所以，我们要告诉自己：“吃得苦中苦，方为人上人。”

幸福给那个伤你最深的人看吧

对于那些曾经伤害过我们的人，大多数人的心里都有着深深的怨恨。

这种怨恨就像一根毒刺，深深地扎在人们的心里，使人们坐立不安，心神不宁。实际上，这种怨恨在真正展开报复行动之前，并不能给那些伤害过我们的人带来任何的痛苦，反而会使我们自己在更多的日子里遭受对方伤害所带来的折磨，无休无止。

真正的聪明人，面对他人无情的伤害，也许会暂时感到伤心欲绝，甚至把对方恨得咬牙切齿，但是他们最终会想明白一个道理：生气是用别人的错误惩罚自己。他们当然不愿意在被别人伤害之后，还搭上自己每一个原本应该幸福快乐的日子。所以，他们选择遗忘伤害，选择解脱自己。殊不知，这恰恰是最好的报复方式。别人既然伤害你，肯定是为了看你伤心绝望，甚至恨不得你郁郁寡欢地结束自己的生命。如果你正好顺了对方的心意，那你就是在帮助对方伤害自己。正确的做法是，我们要从跌倒的地方站起来，鼓起勇气继续前行，满怀着爱和希望为自己赢得未来的人生。当你如春花般灿烂地微笑时你已经开始实施自己的报复：伤害你的人看你过得这么好，一定会妒火中烧，恨不得冲上来揍你一顿，却又只能默默忍受心里的煎熬。这样的报复才是最华丽的转身，才是最成功的报复。

大学毕业后，豆豆和男朋友马丁一起开了一家服装实体店，而且兼营网店。由于缺少本钱，他们不敢一次进太多的货，因此每天都需要进货周转。所以，豆豆常常凌晨就起床和马丁一起去服装批发市场。而白天他们忙里偷闲地轮流休息，看店的人还要同时盯着网店。这样的日子，不可谓不辛苦，豆豆和马丁很快就变成了熊猫眼。然而，他们苦中作乐，日子倒也过得有趣。

两三年之后，豆豆和马丁积累了一部分资产，开了属于自己的公司。渐渐地，在生意场中摸爬滚打的他们，把事业做得风生水起。然而，就在他们买了房子准备结婚之际，豆豆却意外地发现马丁在网上与一个女大学生谈起了恋爱，而且已经背着她见了好几面了。事发之后，尽管豆豆伤心欲绝，但是马丁却再三保证自己只是逢场作戏。虽然马丁向豆豆保证不会再犯类似错误，但是结婚前三天，豆豆再次遭遇了灭顶之灾：她发现马丁和那个女孩出去开房了。这次，马丁的态度截然不同，他向豆豆提出解除婚约，即便豆豆苦苦哀求，他依然义无反顾地离开了，还带走了他与豆豆几年来积累的所有资金。

面对空空荡荡的家，豆豆简直心如死灰。她把自己最美好的年华给了马丁，也把自己所有的感情和心力都给了马丁，如今她就只剩下一个躯壳了。好几天豆豆睡得昏天暗地，她绝望透顶。得知豆豆的遭遇后，她的好朋友丽丽从远方赶来，只对她说了一句话："你这样做只会让亲者痛，仇者快。"豆豆突然间豁然开朗。她马上振奋精神，招聘员工，重整旗鼓，把公司又办了起来。没钱没关系，以前那么穷苦的日子不是都熬过来了吗！想到这里，豆豆再次充满了希望，而且她立志要活得更好，让那个瞎了眼的马丁为失去她而后悔万分。五年后，豆豆把公司经营得风生水起，而马丁呢？被那个没有道德底线的女孩花光了所有的钱，如今非常落魄。虽然他来找过豆豆，但是看到豆豆身边站着的那个高大英俊、器宇轩昂的男人，让他再也没有勇气上前与豆豆搭讪了。

当我们生气的时候，也许会控制不住自己破口大骂，以发泄愤怒的情绪，很多时候骂完了也就好了。然而，当我们伤心的时候，那份深刻的伤痛会长久地隐藏在我们心底，使我们根本不知道应该如何面对自己。

面对仇恨，大多数人的方式是以眼还眼，以牙还牙。然而，报复一则要等待时机，使你在等待的时间里导致自己承担加倍的痛苦；二则报复也是有风险的，当你被报复的欲望冲昏头脑时，甚至会在报复他人的同时也毁灭了自己。生活的洪流带着我们滚滚向前，我们必须挣脱仇恨的囚笼，才能更好地享受生活，畅想人生。仇恨就像是手铐和脚镣，使你片刻不得安宁。人们常说，"原谅别人，就是宽宥自己"。这句话实在是至理名言。幸福给那个伤你最深的人看吧，你幸福就是对他最好的报复！

第05章

你在努力，别人却在竭尽全力

我们每天把努力挂在嘴边上，却距离成功很遥远。为什么努力了也得不到成功呢？因为你在努力的时候，别人早就已经竭尽全力地奔跑了。如果说人生是一场旅途，那么遥遥领先的一定是那些竭尽全力冲刺的人。如果你总是走走停停，甚至像龟兔赛跑中的兔子一样累了就呼呼大睡，那么你定然无法超越大多数人，成为那些成功的极少数人。成功，永远不会是一件容易的事情。任何的成功，都要建立在竭尽全力地努力和恒久地坚持之下。稍有懈怠，逆水行舟的你就会被他人远远地甩在后面，所以，我们必须坚持不懈地、竭尽全力地努力，再努力！

鼓足勇气，你才能打开属于自己的大门

在命运面前，我们奢求好运的降临，却忽视了勇气才是一切。如果没有勇气，你就会止步不前；如果没有勇气，你就会被看似难以逾越的障碍阻挡住，最终才发现这些困难根本不值一提；如果没有勇气开始，你连笑话别人失败的资格都没有；如果没有勇气结束，你就没有一切重头再来的机会……可以说，勇气是我们的翅膀，没有翅膀，又谈何翱翔呢？！勇气，是一切命运弄潮儿颠覆命运的契机，没有勇气，我们就失去了一切可能性。

一个守门人长久地守候在法的门前，等着来人。一个畏缩的农村人踯躅前行，好不容易才走到这扇门前。看到守门人，他有些畏惧，请求守门人允许他进去。但是按照惯例，守门人只能拒绝他。不过，法的大门是敞开的，看起来畅通无阻。因而，农村人胆怯地伸头探脑，想要看看门里的情形。守门人友善地说："我只是最低级的守门人。如果你很想进去，你完全可以试一试。不过，接下来的路就要靠你自己去走了。里面还有很多扇门，每扇门都有守门人。不过，随着你一扇门一扇门地走进去，里面的守门人权势越来越高，我甚至都不敢看第三扇门的守门人一眼！"守门人的话让农村人更害怕了，他根本没有预想到自己历经千辛万苦来到门前，却根本没有机会进去。原本，他以为每个人都可以随意地进入法的大门，所以他才不顾一切地努力走到这里。然而，他犹豫了，迟疑不决地徘徊着。最终，他下定决心不做无用功，要等到被允许之后，再光明正大、畅通无阻地走入法的门。

看到农村人并不打算进去，守门人搬来一把椅子，让他坐着等待。从此之后，农村人始终在等待着，虽然他曾无数次请求守门人允许他进去，但是都被无一例外地拒绝了。在漫长而又无望地等待里，他渐渐老去。他甚至忘记了还有其他守门人的障碍，因为从眼下的情形来看，第一道门的守门人就是他唯一的障碍。最终，农村人越来越衰老，眼看着就要死去了。这时，他看到法的门里射出一道耀眼的光芒，他突然间恍然大悟："那么多人都想来到法的门前，为什么在漫长的等待里，他从未见到其他人呢？"守门人似乎看出了农村人的疑问，也看出他的生命即将结束，因而伏在他的耳边大喊道："这扇门是属于你的，但是现在它马上就要关闭了。"

这个小片段选自于卡夫卡的《在法的门前》。在这个故事里，农村人历经千辛万苦，好不容易才得到机会进入法的门，却被虚设的、敞开着的大门阻挡住了，一直等待到生命的最后一刻，也没有成功进入朝思暮想的法的门。这不得不说是一种莫大的悲哀。

在人生的路上，尤其是在努力获得成功的过程中，几乎每个人都会遇到形形色色的困难和阻碍。在真正鼓起勇气去尝试之前，我们无从得知这些阻碍是真正凶猛的老虎，还是虚伪的纸老虎。如果我们被其吓倒，不敢轻易尝试，那么我们不但失去了成功的机会，也同时失去了失败的机会。相反，如果我们能够不顾一切，鼓起勇气勇往直前，无论成功还是失败，也不留遗憾，那么我们就能够创造生命的奇迹。勇气，就拥有这样伟大的能够创造奇迹的力量。所以无论何时，我们都应该充满勇气，勇往直前。永远，也不要被一扇敞开的门挡住。

除了和很多人一起拥挤着过独木桥之外，我们还有属于自己的人生之路。每个人都有自己的长处和优点，即便我们在很多方面都不如他人出色，我们的优点和长处也会远远地胜过他人。在这种情况下，妄自菲薄是要不得的，你一定会因为自卑失去千载难逢的好机会。对于自己擅长的领域，我们一定要鼓起勇气，勇往直前。很多人思虑过多，总是想要把万事都计划周全再进行下一步。殊不知，万事都出于瞬息万变之中，杞人忧天只会禁锢我们前进的脚步。与其看着别人失败，不如自己去尝试失败的滋味，这样才能给成功创造条件。简而言之，尝试了，你也许会失败，但是不尝试，你连失败的机会都没有。从现在开始，就让我们鼓起勇气，在命运的浩瀚海洋中乘风破浪，勇往直前吧！相信只要你尝试了，就不会留有遗憾，也许还会获得意外的惊喜！

付出与收获终究是成正比例关系的

付出未必有收获，人们已经意识到了这个残酷的事实。然而，我们能够因此就不再付出吗？答案当然是否定的。付出未必有收获，如果你不付出，那么你一定毫无所获。任何时候，天上都不会掉馅儿饼，你即使交了好运，也不可能不劳而获。如此一番辩证分析之后，我们不难得出一个结论，付出与收获未必每次都能立竿见影地成正比，但是在综合多次情况之后，付出与收获终究还是成正比例关系。

在浩瀚的宇宙中，在神奇的自然界里，人的力量是非常渺小的，甚至微乎其微。那么，仅凭一个人的力量去应付生活中所有的困难，显然是很不切实际的行为。大凡聪明的人，从来不会自以为是，而是能够客观公正地评价自己，也能够恰到好处地掂量自己的分量。所谓救人者自救，这虽然是一句含着禅意的话，但是用在生活中却很合适。既然我们的力量是有限的，而且我们也不是全能手，能够面面俱到地满足自己的一切需要，那么我们为什么不发挥自己的所长去帮助他人呢？相信在你乐于助人的时候，也会有很多热心人不遗余力地帮助你。从这个意义上来说，我们付出得越多，得到的也就越多。

如今，保险已经走入千家万户，为越来越多的人所接受。其实，保险的理念就是汇集每个人的点滴力量，帮助那些真正遇到困难需要得到帮助的人们。这样，对我们自身而言也是一种极大的保障。对于身边的人，不管他们是与我们熟悉还是陌生，整个人类其实都是一个大家庭。我们不但要爱自己的亲人、朋友、爱人，也要拥有一颗博爱之心，爱身边的每一个人，爱熟悉或者陌生的每一个人。爱是力量的传递，当人人都参与到爱之中，点点滴滴的爱就会汇聚成汪洋大海，让整个世界都因此而变得更加美好。

在大雪纷飞的冬日，一个衣衫褴褛的小男孩儿在风雪中艰难地前行。为了在开学之前攒够学费，他几乎一天都没有休息，始终在走街串巷地推销商品。然而，眼看着半天的时间已经过去了，他连一件商品都没有推销出去。他又累又饿，饥寒交迫，恨不得马上就躺在一个温暖的地方永远地睡去。他感到自己的脚已经渐渐地冻僵了，因而步伐开始踉跄起来。他艰难地顶着风走着，缓慢地来到了镇外。远远地，他看到一户人家的红色屋顶，因而赶紧走过去。到了禁闭的门口，他又迟疑了。想了一会儿之后，他才开始敲门。没过多久，门被打开了。一个面色友善的女孩儿站在他的面前，脸上挂着微笑。男孩嗫嚅着说："我可以要一杯热水吗？"女孩儿点点头，走开了。过了一会儿，女孩端着一大杯散发着香气的热牛奶回来了。男孩儿接过牛奶，用双手紧紧地捧着杯子，感受着温暖。他一小口一小口地喝完了一大杯牛奶，满脸通红地问："请问，我应该付你多少钱？"女孩笑着摇摇头，说："不要钱。很小的时候，爷爷奶奶就告诉我，'赠人玫瑰，手有余香'。这是爱的传递，不需要任何回报。"男孩儿不停地感谢女孩儿，还给女孩儿深深地鞠了一躬，就转身离开了。

此时此刻，男孩儿和他一刻钟之前的状态截然不同。在此之前，他感到沮丧绝望，恨不得离开这个世界。现在，他觉得浑身都暖和极了，充满了力量。他暗暗告诉自己："我一定要努力坚持下去，我一定能够获得成功。赠人玫瑰的女孩儿没有想到的是，在遇到她的前一刻，男孩儿甚至已经决定放弃学业了。如今，他却再次鼓起勇气，继续拼尽全力，朝着未来，朝着成功，努力奔跑。

多年以后，男孩儿已经成为一名成功的医生，医术高超，救人无数。然而，当年的那个女孩儿身患怪病，在当地看了很多医生都无计可施。因此，她不得不变卖家产，来到遥远的大城市治病。当看到会诊单上的病人籍贯时，霍华德医生心中一震。不知为何，他突然就想起了当年的那杯热牛奶，想起了曾经热心帮助他的女孩儿。他放下会诊的病历，狂奔到病房。果然，床上躺着的正是当年自己遇到的恩人。他随后详细了解了女孩儿的病，并且与多名专家进行详细研究并制定了万无一失的治疗方案。为了帮助女孩儿恢复求生的意志，他还想尽办法减轻她的痛苦，一有闲暇时间他就去病床旁陪伴她。果然，在经过彻底地手术治疗后，女孩儿的病痊愈了。出院之前，护士给女孩儿送来了医药费结算通知单。当看到那个天文数字时，女孩儿几乎要晕倒了，她知道自己根本无力支付如此昂贵的治疗费用。然而，当她看到通知单最后一行字时，眼眶湿润了。原来，在缴费人的签字那一栏，赫然写着——寒冬里的一杯热牛奶。

在这个事例中，女孩儿热心的帮助让心灰意冷的男孩儿再次鼓起了生的勇气，再次决定永不放弃，永不认输。正是这股精神的支撑，使得男孩儿熬过了最艰难的岁月，最终成为大名鼎鼎的霍华德医生。而后患病的女孩儿正巧在霍华德医生工作的医院里就诊，在得知恩人身患怪病之后，霍华德不遗余力地为她进行救治。人生就是这样充满巧合，女孩儿万万没想到当年的一杯热牛奶如今会救了她的命。虽然女孩儿当时的付出不求回报，但是她却真真切切地得到了丰厚的回报。

当然，生活中我们的付出，我们传递的爱心，最终未必会得到回报。

但是，这份爱不管传递到何方，都为这个世界带来温暖和光明。因而，让我们和女孩儿一样，“赠人玫瑰，手有余香”吧！只有我们心怀大爱，这个世界才会充满爱！

当你不够努力，也就无权抱怨

生活中，有很多人抱怨自己的运气不够好，不管有什么好事情都轮不到自己的头上；还有人抱怨自己得到的太少，父母没有权势，亲戚朋友也帮不上什么忙；还有些人自认为自己很努力，却总觉得自己的付出没有得到应有的回报，而那些看似漫不经心的人们，却总是能够得到命运的青睐，轻而易举就能拥有别人想要的一切。如此的抱怨，说得多了，未免让人心生厌烦，就像祥林嫂一样，命运的确悲惨，却没有人愿意永远被掩埋在她的悲情之中。

那些抱怨自己努力了却收获很少的人们，不如从现在开始就反思自己，你真的足够努力吗？你看到别人的光鲜亮丽，看到别人顶着成功的光环，只是你从未看到别人在背后默默付出的努力。人生，永远是一分耕耘、一分收获，谁也不能意外得到命运的馈赠。如果你努力得不够，你自然也就无法像别人一样成功。当你抱怨命运不公时，命运其实正在以独特的方式显示它的公平。当你不够努力时，千万不要大言不惭地抱怨，因为你根本没有抱怨的资格。

史泰龙出生在纽约的贫民窟，因为他出生时难产，医生情急之下操作失误，他的左脸颊有一块肌肉瘫痪了，导致他整个左脸下垂，说话的清晰度也受到了影响。他的家庭并不幸福，他的父亲是个酒鬼，只会喝醉酒、赌钱，稍不顺心就殴打他的母亲。因为她长期受到虐待，他的母亲也开始酗酒，常常在醉酒之后把他打得皮开肉绽，血肉模糊。就是在这样一个连基本生活都无法维持的家里，史泰龙却有一个天大的梦想，那就是长大之后去演电影，成为人人羡慕的大明星。对于这个衣不蔽体的小孩而言，这个梦想简直就是白日做梦。即使长大之后，他也根本没有足够的钱为自己买一身像样的西服。他该如何实现自己的梦想呢？他默默地告诉自己："为了改变命运，我必须成功，我只能成功！"

那个年代的好莱坞拥有500家电影公司，为了实现自己的演员梦，史泰龙把这些公司的名称、地址全都整整齐齐地抄下来，然后规划好路线，根据名单所列的次序逐个进行拜访。很快，勤奋的他就把500家公司全都拜访了一遍，但是没有任何一个公司对他表现出兴趣。被500家公司拒绝，这是多么让人沮丧的事情啊？然而，史泰龙并没有放弃。当他从第500家公司走出来时，有人指出了他说话口齿不清的致命缺点。为了让自己变得口齿清晰，他每天都把一个小石块放到舌头下面，然后苦练说话的基本功。等到他终于能够口齿清晰地进行表达之后，他马上开始了新一轮拜访。遗憾的是，和第一轮拜访的结果一样，他再次被500家公司拒绝了。史泰龙还不气馁，继续寻找原因，成功地为自己增重将近50斤，只为了让自己看起来更强壮。很快，他带着梦想又开始了第三轮的拜访，再次以失败告终。最后，他的一个好朋友看到史泰龙如此执着，建议他带着剧本去尝试，这样也许能被录用。为此，他废寝忘食地用了3天时间完成了《洛奇》的创作。之后，他就带着剧本开始了第四轮拜访。终于，在拜访到第350家电影公司时，他的剧本被看中了，并且要求他以7500美元的价格出售。虽然史泰龙已经3天都没钱吃饭了，但是他还是义无反顾地拒绝了这家公司的要求。直到他被拒绝1855次之后，史泰龙才引起一个曾经20多次拒绝他的导演的认可。在史泰龙的争取下，这个导演同意由史泰龙担任《洛奇》的主演，但是只愿意支付他2.3万美元的报酬。正是这个契机，史泰龙的人生发生了改变。从此之后，史泰龙成为红遍整个好莱坞的巨星。

你曾经被拒绝1855次，却依然有勇气去进行第1856次拜访吗？如果你不能，那么就不要说史泰龙是因为好运，才成为大明星的。对于很多普通人而言，别说1000多次的拒绝了，也许只被他人拒绝一次，就会觉得万分沮丧，甚至完全放弃再次尝试的念头。既然如此，那你就不要抱怨机会从不青睐你，因为机会总是在无数次失败之后才会到来的。不是机会不青睐你，而是你没有足够的耐心等到机会的降临。想一想吧，1855次的拒绝，史泰龙需要多么顽强的毅力，才能坚持到柳暗花明的那一刻。

很多时候，努力不仅仅表现在付出，也表现在坚持。对于任何人而言，机会都是平等的，区别在于你能否以顽强的毅力熬到成功的到来。虽然我们都是普普通通的人，我们的人生也没有多么出色和精彩，但是每个人都有自己的命运，也有相对自己而言的成功。从这个意义上来说，我们应该努力地拼搏，这样才能最终成就我们自己。从现在开始，不要再抱怨任何事情。因为一切的抱怨都于事无补，反而会使事情朝着更糟糕的方向发展。如果你真的渴望成功，如果你真的想活出属于自己的精彩，就从现在开始加倍努力吧！当你努力，当你坚持，当你不放弃，成功就会离你越来越近！记住，不够努力的人永远无权抱怨。

与其抱怨，不如改变

一个老奶奶有两个女儿，大女儿卖伞，二女儿卖鞋。每到下雨天，老奶奶就愁眉苦脸，因为她很担心二女儿的鞋子卖不出去；每到晴朗的天气，她也高兴不起来，因为她很担心大女儿的伞卖不出去。邻居看到老奶奶终日眉头紧锁，似乎总也高兴不起来，因此劝慰老奶奶说：“奶奶，我觉得下雨天您应该高兴，因为您的大女儿生意一定很好；到了天气晴朗的时候，您也应该高兴，因为您的二女儿的鞋子一定卖得很快。总而言之，您家里每天都有钱赚，您应该每天都开开心心的。”在邻居的劝解下，老奶奶想通了这个道理，之后的每一天她都很快乐。从这个小故事中我们不难看出，境由心生，很多事情都是由心态决定的。老奶奶之前之所以郁郁寡欢，是因为她总是想着不开心的事，而当想到不管艳阳高照还是阴雨连绵，大女儿和二女儿都有钱可赚时，她就高兴起来了。

要想拥有从容豁达的人生，我们就要改变心态。唯有心态改变了，我们才能以平和之心对待万事万物，从而使自己变得豁达和从容。很多人的人生之所以总是局促不安，就是因为他们的心。古人云，“境由心生”。这句话是很有道理的。面对生活的困厄，大多数人都在抱怨，因而心情郁郁寡欢，最终导致事情更加朝着与意愿相反的方向发展。相反，当你的内心充满阳光，你所看到的一切也会瞬间阳光明媚起来。归根结底，抱怨对于事情的发展不会有任何积极的影响和作用，而只会使事情越来越糟糕，使心情越来越阴郁。我们唯有不再抱怨，当机立断，从此时此刻就开始改变，才能起到立竿见影的效果，调整好局面，迎接未来。

从记事开始，林欢和林乐就对爸爸酗酒心有余悸。他们的爸爸是个酒鬼，刚开始时只是爱好喝酒，后来酒瘾越来越大，直至每天都会喝得醉醺醺的，不是骂孩子，就是打老婆。在这样恶劣的家庭环境中长大，欢欢和乐乐简直毫无乐趣可言，几乎每天都是提心吊胆地度日。每当看到同龄的孩子遇到为难的事情就有他们的爸爸出面为其撑腰，而他们根本不敢告诉爸爸，生怕爸爸以此为借口更加借酒浇愁，他们简直觉得人生失去了希望。然而，无论日子多么艰难，总要一天一天地过。转眼之间，欢欢和乐乐都长大成人了，而且也一起外出打工离开了家，去开辟自己的天地。

10年过去了，现在的欢欢和乐乐生活得怎么样呢？当年迈的妈妈因为不放心兄弟俩，特意千里迢迢地奔赴遥远的城市看望他们时，简直大吃一惊。妈妈首先去了欢欢家。欢欢家里乱极了，妈妈到他家的时候，欢欢正在和妻子激烈地争吵，孩子吓得蜷缩在角落里，根本不敢出声。看到欢欢醉醺醺的样子，妈妈恨铁不成钢地说：“欢欢呀，欢欢，你怎么能和你爸爸一样呢？！难道你忘记了你小时候吃的那些苦了受的那些罪了吗？”欢欢不以为然地说：“我从小在那样的家庭里长大，我的爸爸是个酒鬼，你还指望我能怎么样？”妈妈伤心极了，连口水都没喝，就去了小儿子乐乐家。打开门，妈妈首先看到其租来的房子虽然房间局促，但是乐乐的家非常干净整洁。为了迎接妈妈的到来，乐乐正和妻儿一起包饺子呢。他们全家人有说有笑的，让妈妈心里瞬间乐开了花。妈妈感慨地说：“乐乐呀，你哥哥要是和你一样就好了，能把日子过得井井有条，妈妈就有盼头了。”乐乐懂事地说：“妈妈，我小时候就因为爸爸吃足了苦头，我可不能再让我的孩子也和我一样，提心吊胆地度过童年了。”

在这个事例中，欢欢和乐乐是兄弟俩，对于酗酒的爸爸，他们感同身受。然而，在长大成人拥有自己的家庭后，欢欢却变得和爸爸一样，因为他的心里始终在抱怨爸爸，憎恶自己的家庭。而乐乐呢？他吸取爸爸的教训，发誓不让自己的孩子重蹈覆辙过像自己一样的童年生活。因而，他清醒地做人，认真地做事，滴酒不沾，只为了给孩子一个幸福快乐的家。

同样的人生经历，却给这兄弟俩带来截然不同的命运。欢欢活在抱怨里，乐乐则始终在努力地改变和完善自己，从而拥有幸福美满的生活。抱怨，就像是诅咒，只会蒙蔽我们的心，让我们再也无法坦然地面对生活。改变，就像是希望之光，给我们原本阴云密布的生活带来乐观的变化。任何时候，面对苦难，我们都不能一味地抱怨。只有从现在开始改变，只有坦然、积极地接受与化解苦难，我们才能迎来美好的未来。

从某种意义上来说，面对苦难所做出的反应，与一个人的心智是息息相关的。心智不健康的人，总是被动地接受生活赐予的一切，无法超越自己的本能，因而随波逐流。相反，心智健康的人则能够进行理智的思考，从而权衡利弊做出决断，最终帮助自己摆脱心中的囚牢，勇敢地放飞自己的心灵。人，总不可能是一帆风顺的。任何时候，我们都要认真思考，做出正确的选择。认知的不同，导致我们对待外界事物的反应也截然不同。因此，我们在生活中应该尽量丰富自己的阅历，多积累生活经验，帮助自己提升心智。让改变就从这一刻开始吧！

空杯心态，助你通往成功捷径

生活中总有一些自以为是的人，把自己看得很高，觉得自己学识渊博，因而处处以好为人师的姿态出现，最终导致孤家寡人，人见人厌。其实，好为人师是没有错的，但是我们首先要认清楚自己的学识是否可以为人师、灌输给他人。从另一个角度来说，每个人对于世界都有自己的理解和感悟，因为当你喋喋不休地把自己的很多见解强加于人时，对方一定会感到反感。既然1000个人眼中就有1000个哈姆雷特，我们当然也要允许他人对于世界有不同的认知。所以改变好为人师的心态吧，当你变得谦虚，怀着空杯心态去请教他人，也许你才能变得更受欢迎。我们虽然不能照搬他人成功的经验，但是当我们取其精华，将他人的经验经过改良后变为自己的经验，我们通往成功的路就会大大缩短。这一切，都取决于你勤奋好学的态度。

读完研究生后，小薇自以为自己成了人才市场上的抢手人才，一定会有很多单位求贤若渴，对她表现出浓厚的兴趣。然而，现实的情况却让小薇很惊讶，因为她拿着精心准备的简历在人才市场上转了一圈，却发现很多单位只要本科生，对研究生根本不感兴趣。好不容易，小薇才找到一个与自己所学专业符合的工作并投递了简历。虽然小薇从心底里对这家公司并不是十分满意，但是她意识到就业市场的严峻形势，因而决定“骑驴找马”，马上就去该公司报到。

小薇主要负责技术领域的问题，她自以为自己在学校苦心求学这么多年，因而对该公司里那些本科生、专科生，根本不放在心上。有一次，很器重小薇的主任特意交给小薇一个重要的项目，原本，主任是想再给小薇配个经验丰富的老员工作为其助手的，不想小薇却拒绝了。小薇暗暗想到：“哼！我堂堂一个高材生，难道还搞不定这个小项目吗？就这样，小薇踌躇满志地一个人去了项目工地。到了工地上，小薇对工人们颐指气使，却遭到工人们的一致对抗。又加上小薇因为缺乏实际操作经验导致该项目出现了严重失误，工人们索性越级汇报，把小薇从工地上赶走了。看到小薇委屈的样子，主任严肃地说：“工作不是儿戏，也不能任性。其实，你犯的这个错误是非常低级的，那些经验丰富的工人都知道这么做会导致严重的后果。但是他们为什么眼睁睁地看着你犯这个错误，而不告诉你呢？我想你比我更清楚其中的原因。”在主任的教导下，小薇深刻反省自己，写出了1000多字的检查，阐述了自己因为骄傲和自满导致的严重后果。

从哪里跌倒就从哪里爬起来，在领导的帮助下，小薇再次回到工地。这次，她再也不妄自尊大了。而是与领导为她配备的助手，小薇称其为老师，一起同心协力，遇到难题时，还会向工地上经验丰富的工人请教。果然，小薇圆满地完成了该项目。

在这个故事中，小薇所犯的错误原本是个低级错误，只要是有经验的工人，应该都能看出这个失误并且为其指出来。但是就因为小薇自以为是，而且总是自顾自地安排工作，根本不尊重那些经验丰富的工人，最终导致她以失败告终。

古人云：“三人行，必有我师。”这句话的意思是说，三个人在一起行走，其中一定有一个人能够成为我的老师。当然，这里所说的学习并非是纯粹意义上的学习，不专指学校里的学习。其实，生活中处处皆学问，学习无处不在。只要留心，即使是面对一个普通人，我们也能从其身上学到很多的东西。因为，不管你的学问多么高深，你都不该骄傲。有的时候，你在学问上是他人的老师；有的时候，他人在经验上是你的老师。不管你与他人之间是何种人际关系，你都应该与其互相帮助，取长补短。

还有人在没有深入了解一门知识时，就开始四处宣扬和炫耀。在股市动荡的年代，之所以有那么多人一夜暴富，还有更多的人一夜之间倾家荡产，就是因为人们在不懂得股市的情况下就盲目跟风，跟着一知半解的人一起炒股，最终输得精光。这样的股市投资，无疑是一种赌博。即使是再简单的事情，都蕴含着很多知识和经验。因而，我们无论何时都要保持空杯心态。只有你虚心求教，才能成功地学到更多的知识，也能借助他人的经验弥补自己的不足。有一点我们必须承认，即每个人都是有短处的，每个人也都是有长处的。这点决定了每个人都可以在某一个方面成为他人的老师，也都应该在某一个领域虚心地向他人学习。总而言之，多多学习，我们才能少走弯路。

路，永远只在你的脚下

每个人都有属于自己的成功之路，每个人在通往人生终点的路上经历都是完全不同的。这就导致每个人的成功和失败都不可复制，每个人的人生都毫无可比性。现实生活中，我们见到太多的人喜欢与他人攀比，喜欢羡慕他人的成功，甚至照搬他人的经验，喜欢以他人的失败为界，甚至为此止步不前。殊不知，他人的成功未必会成为你的成功，他人的失败也未必会在你身上再次出现。任何情况下，我们都要从自身的情况出发，根据自身情况，做出正确的选择。但丁曾说：“走自己的路，让别人说去吧！”我们要说：“走自己的路，不要因为别人的失败畏缩不前，也不要因为别人的成功就盲目乐观。他人的一切经验和教训，都只能作为参考，而永远无法在我们身上还原。”

一只大闸蟹在短短几个月的成长周期里，要经历28次蜕壳。一个人在漫长的成长中，更是要经历无数次的自我突破和超越。别说是成功了，哪怕只是成长，也需要我们不停地历练。经过无数次心灵的挣扎，经过无数次哭泣和欢笑，经过无数次跌倒之后再站起来，也经历过无数次风雨的洗涤，我们才从呱呱坠地的婴儿，最终到茁壮成长。也许我们最终一事无成，和无数的普通人一样平凡而又平庸，但是我们经历的一切，都是生命赐予我们的最宝贵的馈赠。

很多人抱怨自己从来不幸福，或者幸福的指数远远没有他们想象中那么高。其实未必是因为生活多么眷顾那些幸福的人，而只是他们心智成熟，能够张开双臂去拥抱生活的一切赠与。任何时候，不管生活多么艰难，我们都要相信路是人走出来的，我们的路就在我们的脚下。也正因为如此，关于生活中那些重要的抉择，在有了独立思考的能力之后，我们就要摆脱父母的羽翼，独自一个人去面对。没有人能够代替你做出选择，你的人生无人能够取代。当然，这样的独立自主并非是毫无限制的自由。自由，不能随心所欲，更不能为所欲为。真正的自由，是我们能够在保证自己自由的情况下，也坚决不去影响和妨碍他人。这样的自由，才是成熟的自由。因此，你尽可以好好地走自己的路，但是你不要忘记，你活在人群中。听起来这似乎有些像是绕口令，绕来绕去。实际上，这是人生的真理。

当我们独自行走在人生路上，我们既要为自己负责，也要避免妨碍他人。不管前面的路多么坎坷，即便充满挫折，我们都依然要坚定地独行。亲人、朋友、爱人，或许能够陪伴我们一程，但是归根结底，人生的路只在我们自己的脚下。明白了这一点，你是否觉得自己肩上沉甸甸的，是否觉得自己成为了顶天立地的人？点点滴滴的努力都不会白费，在人生之路上的坚持，会使你最终收获意外的惊喜。

刚刚出生时，海伦是一个非常健康的孩子。她和所有的孩子一样活泼可爱，有着灵动的大眼睛和敏捷的听力。然而，在她19个月的时候，因为患了一场严重的疾病，导致她不但失去了视觉 而且失去了听力，最终变成了聋哑人。对于年幼的孩子而言，这样的打击无疑是致命的，然而海伦没有放弃。在她7岁那年，父母为她请来了家庭教师——安妮。自此，她开始克服身体的障碍，努力学习。安妮显然是海伦的引导者，她一直陪伴着海伦，不离不弃。后来，海伦不但学会了读书、说话，还凭借自己的努力考入了大学。再后来，海伦开始写作，她发表的《假如给我三天光明》等十几篇作品，在世界范围内都引起了广泛的影响。

海伦身残志坚，尽管她自己本身就是重度残疾患者，却四处演讲，为更多的残疾人积极呼吁，并成立基金会。不得不说，海伦走出了属于自己的人生之路，她的成功也为全世界的残疾人照亮了道路。

在海伦的经历中，如果她没有顽强的意志，在重度残疾之后就自暴自弃，那么她一定无法活得这么成功。她的路，是她自己走出来的。安妮老师的陪伴，也给了海伦终生的支撑。然而，无论外界的环境多么恶劣，海伦自己始终没有放弃，这才是她获得成功的真正原因。

路，就在每个人的脚下。你是选择平稳地前行，还是选择一路奔跑，或者选择原地踏步，甚至是倒退，完全在于你的抉择。任何人在面对自己的人生时，除了不更事的时候由父母代为安排之外，都要凭借自己的努力才能创造属于自己的辉煌。

第06章

在生活变好之前，你必须让自己先变好

很多人都抱怨自己的生活不够好，处处不如意，却不知道生活的状态不仅仅取决于客观外在的事物，更大程度上取决于我们对生活的把握和缔造。因而，当你觉得生活无法让你满意时，千万不要盲目地抱怨。既然你是生活的主人，你必须先把自己变好，然后才能着手改变生活。正如人们常说的那样，“心若改变，世界也随之改变”。

你自以为很棒，但远远还不够

很多人都觉得自己很棒，然而，王婆卖瓜自卖自夸是不行的。我们只有做到真正的优秀，实现自己的目标，达到成功的标准，才是真的棒。优秀，不是仅凭三寸不烂之舌说说就行的。优秀，是对于生活的一种态度，也是我们对于自己的定义。你，应该问问自己："我真的很棒吗？如今的优秀已经足够了吗？"

常言道，"人外有人，天外有天"。一个人如果有能力，那么他的优秀也必然是无止境的。很多科学家，终其一生都在进行科学研究，他们不停地超越自己，努力攀登科学的高峰。他们才是真正的优秀，是永无止境的求索者。和他们相比，很多人把自己定义为优秀是很可笑的。他们就像井底之蛙，从来没有见过外面的天空。随随便便就把自己定义为优秀，却不知道还有很多比他更优秀也更努力的人都非常低调。

从另一个角度来说，即使你已经足够优秀了，也是不够的。因为一个人要想获得成功，不但要很棒，还需要为自己制定明确的目标。仅仅有目标也还是不够的，我们还要时刻牢记目标。一个人只有足够棒，不但有明确的目标，而且还要有自信和勇气，才具备成功的基本条件。这几个方面，对于成功而言都是缺一不可的。

在这几个方面里，勇气和自信的获得无疑是最难的。其实，很多时候形式主义的东西也能转化为实实在在的力量。例如，我们每天早晨起床，可以告诉自己："我很棒！我是最优秀的！我一定能够战胜困难！我一定能够获得成功！"和每天都对自己进行积极的心理暗示的人相比，那些自卑怯懦的人，从气势上就先输了。奋发向上的心，是我们面对充满磨难和挫折的勇气，也是我们奔向目标的恒久动力。

有一天，匈牙利著名的钢琴家李斯特来到了音乐之都维也纳。他闲暇之余，在街道上漫无目的地散步，突然间被一则海报吸引住了。海报上赫然写着：尊贵的朋友们，我是李斯特的学生，将会于明天晚上在维也纳剧场举办钢琴演奏会。希望朋友们大驾光临，让我们一起接受音乐的洗礼！看到这里，李斯特惊呆了，他从来不记得自己在维也纳还收过学生啊？！他满怀疑惑，慢慢地踱回宾馆。

正当李斯特百思不得其解时，一个年轻的姑娘来找李斯特。李斯特在维也纳并没有熟人，因而再次大吃一惊。姑娘开门见山地说："李老师，对不起，我冒用了您的名义。我从小就失去了父母，历经千辛万苦才考进音乐学院学习。然而，我没有能力支付学费，后来只得中途退学。我穷困潦倒，又没有任何后台。但是我真的非常热爱钢琴艺术，我喜欢跟随着音符的跳动在命运的河流中徜徉。听说您来到了维也纳，所以我就斗胆在宣传海报上自称是您的学生。我知道这么做是不对的，但是我真的需要您的帮助……"说完，姑娘用含着泪花的眼睛深深地注视着李斯特，眼睛里满是渴望和愧疚。李斯特什么也没有说，而是走上前去，邀请姑娘演奏一曲。姑娘拘谨地做到钢琴前，刚开始时因为紧张，琴声也不够流畅。后来，她逐渐沉浸在音乐的海洋里，完全忘却了自我，李斯特被她如泣如诉的钢琴曲感动了。听完她的演奏，李斯特真诚地说："我愿意收你这个学生，此外，你可以在海报上注明，届时李斯特将会亲自为大家登台献艺。"姑娘感动极了，眼泪奔涌而出。李斯特还耐心地教了姑娘一些演奏技巧，不难想象，姑娘的演奏会一定能够大获成功。

一个身世悲惨的女孩儿，在音乐的道路上艰难前行。因为穷困潦倒，也因为没有后台，她不得不在未经允许的情况下冒名李斯特的学生举办演奏会。对于这个女孩儿的所作所为，李斯特知道之后非但没有生气，反而耐心地指点她，并且愿意真正收下女孩儿作为学生。最让姑娘感动的是，为了给她捧场，李斯特还将亲自登台献艺。不得不说，李斯特爱才心切。也许有人会说姑娘运气好，其实不然。这个姑娘在音乐上定然是有一定的造诣，除此之外，她也很清楚自己的目标，那就是成名成家。为此，她冒昧地说自己是李斯特的学生，接下来又登门拜访李斯特，一定是有着充分的自信，相信自己凭着在音乐上的造诣，肯定能够得到李斯特的赏识。除此之外，姑娘还很有勇气。正是这些综合因素的作用，姑娘才赢得了李斯特的赏识，成功地改变了她的命运。

在茫茫人海中，要想脱颖而出，显然不是一件容易的事情。这就要求我们，不但要相信自己是最棒的，还要时刻告诉自己："我是最棒的！"从而满怀欣喜、鼓足勇气地奔向自己的目标，实现自己的梦想。很多时候，我们因为忧虑止步不前，却不知道禁锢我们思想的并非是外界因素，而是我们的内心。只有勇敢地去尝试，生命才能创造奇迹。

不论你在哪里，都要走向高处

人生的路从来就不会是一帆风顺的，更不会是平坦大道。如果你曾有过走夜路的经验，你就会对那种深一脚浅一脚的体验留下印象。没错，很多时候人生就像是走夜路，时不时地高一脚低一脚，甚至不小心还会踉跄一下。这是因为人生的路永远不平，我们遇到的困难和坎坷，就像是一个个深浅不一的坑，我们遇到的挫折和阻碍，就像是一个个小土丘。我们要想奔向自己的目标，实现自己的梦想，就必须跨过深坑，翻越土丘，一路向前。

在这个拼爹的年代，也许有些人会说："我没有有钱有势的爸爸，也没有神通广大的妈妈，我的起点很低，不管怎么努力都会远远地落在他人后面。"千万不要这么想，不管你是在金字塔的底部还是在金字塔的顶部，虽然你与他人的起点不同，但是你后天经过努力一定能够让你奋起直追，最终改变自己的命运。要知道，在这个世界上没有人能打倒你，除了你自己。既然如此，我们还有什么理由放弃呢？

作为德国著名的音乐家，贝多芬在音乐上的造诣举世闻名。不过，贝多芬童年的生活并不幸福。他出生在一个非常贫穷的家庭，他的父亲曾经是一名歌剧演员，不但嗜酒如命，而且脾气暴躁，动不动就对贝多芬非打即骂。为了逼迫贝多芬在音乐的道路上有所造诣，他的父亲还会使用粗暴的手段逼迫贝多芬练习乐器。在贝多芬稚嫩的心灵里，这些悲惨的遭遇和经历是他永远的伤痛。渐渐地，贝多芬的性格也扭曲了，他很古怪，也像他的父亲一样暴躁。16岁就失去母亲的他总是孤身一人，独自面对整个世界。然而，正当贝多芬在音乐的道路上越走越好时，厄运降临了。贝多芬的听力渐渐减弱，直到最后他的耳朵彻底失聪了。对于一个热爱音乐的人而言，这样的打击是致命的。与此同时，贝多芬身体的其他器官也出现了问题。接连不断地他总是生病。即便如此，他也从未放弃对音乐的追求。他始终牢记着自己的理想和目标，最终为人类留下了艺术瑰宝。

在中国古代人们尊称那些贤能的领袖为"王"。舜，一直以来都被尊称为"圣王"，可见人们对他的尊敬和爱戴。舜出生在一个贫寒的家庭里，尽管他的祖先是帝颛顼，但他的先辈们早就已经沦为贫民百姓了。到了舜这一代，他早早就失去了母亲，父亲又是瞽叟，因而生活更加艰难。在舜的母亲去世后没多久，瞽叟就续娶了妻子，还生了个儿子象。这一家人里，父亲心术不正，继母为人嚣张，弟弟象更是冥顽不灵，他们全都想把舜害死。即便如此，舜依然孝顺父母，爱护弟弟，从未对家人有过丝毫的不尊重或者懈怠。他一边侍奉父母，一边防备着被他们加害。一旦感受到危险将要临近，他就会马上逃之夭夭。等到父母对他的态度稍微有些缓和之后，他又会回到家里，继续尽孝道。

后来，尧了解了舜的为人品质，因而决定把女儿嫁给舜。得知此事后，象眼红不已，决定杀死舜，将他的妻子据为己有。尽管象得到了母亲的支持，最终却没能成功。后来，虽然舜知道了这件事情，却并没有记恨象，而是依然对其动之以情，晓之以理。最后，尧把王位传给了舜，舜勤政爱民，成为一代受人敬仰的圣王。

贝多芬的起点很低，虽然他的父亲是一名歌剧演员，他的家也算得上是音乐世家，但是贝多芬非但没有受到音乐的熏陶，反而还被酗酒的父亲经常恐吓殴打，尝尽家庭暴力。贝多芬命运凄惨，后来居然失去了听力。这些致命的打击都没有使他倒下，最终他创作出流传于世的好作品，为世界留下了艺术瑰宝。在第二个事例中，舜的经历更加曲折。他从小失去母亲，被父亲、继母、弟弟三番五次地加害，心中从不抱怨。最终，他的品行得到了尧的赏识，他也继承了尧的王位，成为一代明君。可以说，这两个不同年代和国家的伟人，都是从人生的低谷中崛起的。如果贝多芬被命运击倒，从此沉沦，那么世界的音乐宝库中一定会少了几分色彩。舜呢？作为炎黄子孙的领袖人物，也给予后代留下了宝贵的精神财富和许多流传千古的佳话。

人生，不管从哪里起步，也不管是处于波峰还是波谷，只要我们认准前进的方向，就一定能够改变命运。很多人因为起点低就自暴自弃，最终只会让自己的命运更加悲惨。大凡成功人士，都是能够从低谷处勇敢攀升的人。民间有句俗话叫作“人往高处走，水往低处流”。就算你的起点很高，如果一直往低处流，最终也是会被命运淘汰的。相反，假如你的起点低，但是你却从来不会自暴自弃，总是努力向上，那么你就能够超越自己，最终获得梦想中的成功。

当努力成为一种习惯，你就开始接近成功了

在大学开学的第一天，教授问同学们："两点之间，怎样才能做到最短？"听到这个在学习中老师强调过无数次的数学题，同学们都有些不以为然。他们异口同声地回答："直线。"还有个同学大声喊道："小学生都知道这个问题的答案。"教授却很平静地说："没错，从数学范畴来说，同学们的回答是完全正确的。但是从人生的角度来说，同学们的回答却有所欠缺。两点之间最短的距离，既有可能是直线，也有可能是曲线。因为在人生之中，成功的定义并不以直线和曲线进行界定。在通往成功的路上，如果你选择了最短的直线，但是却并没有如愿以偿地获得成功，无疑你是失败的。相反，如果你们虽然选择了一条弯曲的路，但是最终却如愿以偿地实现了自己的心愿，那么即使你多走了很多弯路，那么你也是成功的。由此可见，对于成功人生的定义，我们必须重新思考和界定。"教授的这番话把同学们带入了深思。的确，人生的路对于每个人而言都是不一样的。我们唯有让努力变成一种习惯，不要总是奢求捷径，才能实现梦想。

一个人做一件事情并不难，难的是把一件事情做到极致。例如，努力。众所周知，每个人的天赋和资质都是不同的。即使资质平庸，只要坚持努力，人们也能够最大限度地发挥自己的能力。当努力成为一种习惯，你也就离成功越来越近了。

春秋时期，人们都尊称孔子为"圣人"。孔子的门下有2000多个弟子，弟子们全都非常尊重孔子，虚心向他求教。如今，流传百世的《论语》，就是关于孔子言行的记载。《论语》中记载道，孔子虽然学识渊博，但是依然虚心好学，经常向他人请教。有一次，孔子去太庙祭祖，刚刚进到庙里，就惊奇地连连提问。见此情形，有人笑着说："孔子的学问

这么大，为什么还有这么多不懂的问题呢？难道你不怕问别人这么多问题丢面子吗？”孔子听到这个问题，不以为然地说：“遇到不懂的问题就要问，这很正常啊！”这时，有个弟子请教孔子：“孔圉去世之后，人们为什么称呼他孔文子呢？”孔子严肃地说：“因为他聪明好学，不耻下问，所以人们才尊称他‘文’。”弟子们思来想去，感慨而又敬佩地说：“老师经常求教他人，也是不耻下问啊！”

晋代，车胤家境贫寒，维持基本的温饱都很困难，因此家里根本没有多余的钱供他读书。在白天随同父母一起辛苦劳累一天之后，他很想利用晚上的宝贵时间多读书，却因为没钱买灯油，只能白白浪费一个又一个晚上的时间。一个夏日的夜晚，车胤正在院子里温习一篇文章，突然看到天空中飞着一闪一闪的萤火虫。在漆黑的夜里，萤火虫的光芒看起来并不微弱。他脑海中灵光一现，马上飞奔回屋子里，翻箱倒柜地找出一只白绢口袋，然后又努力地抓了几十只闪闪发光的萤火虫，最后把白绢口袋系紧，悬挂在头顶上。尽管萤火虫的光芒没法儿和油灯相比，但是总算有了一丝光芒。从此之后，只要是在有萤火虫的季节，车胤就会抓来萤火虫为他照明，刻苦地读书。后来，车胤学有所成，最终博取功名，入朝为官。

对于比自己地位低下的人，能够虚心求教，这就是不耻下问。大凡成功人士，大多数都拥有不耻下问的精神。他们虽然本身学识渊博，经验丰富，却依然怀着空杯心态，抓住生活中的每一个机会积极上进。就连被尊称为“孔圣人”的孔子，也能够在遇到不懂的问题时就虚心求教，我们作为普通人知识浅薄，更应该怀着积极上进的心。在第二个事例中，车胤因为家境贫寒，无法入学读书，又因为家里没有多余的钱买灯油，因而不得不白白浪费宝贵的晚上的时间。后来，他看到萤火虫时突然想出了好主意，从此以后就借着萤火虫微弱的光读书，不得不说他对于学习的执着。

我们每个人，不管是天赋高的，还是资质平庸的，都应该把努力作为一种习惯。通往成功的道路总是充满坎坷和挫折，从来没有任何人能够一蹴而就。在这种情况下，我们必须坚持努力，习惯努力，才能以勤补拙，最终越来越接近自己的人生理想和目标。

1000句空谈的誓言，不如一个小的行动

在这个世界上，从来不缺少空想家。他们最擅长的事情就是整日端坐，或者躺在床上，或者靠在柔软的沙发上，然后开始做白日梦。在他们的梦想中，未来无限美好，憧憬着的一切都似乎唾手可得。然而，一旦空想结束，他们马上就会跌回现实中，心安理得地面对自己依然毫无所获的一天。这样的空想，除了能够让人得到片刻的、自欺欺人的喜悦之外，还能有何作用呢？可以说，与实际行动剥离的誓言，即使拥有千万句，也都是镜中花、水中月，没有任何积极的实际意义。生活中真正的强者是一想到马上就会去做的人。因为他们知道，1000句空谈的誓言，不如一个小的行动。只有真正地做起来，他们才能取得切实的进步。

前段时间，李静所居住的公寓楼里，两部电梯中有一部坏了。李静在9楼，她的家靠近楼梯，又加上电梯正在维修，因此除了提着很重的东西，他们都会选择走楼梯。然而，在6楼楼梯的角落中，总是传来浓重的尿骚味。每次走过这里，李静和孩子都会紧紧地捂住鼻子，狂奔而去。等到好不容易走过了那一段路，李静总会忍不住抱怨："这是哪家的缺德玩意儿啊？！怎么能在楼梯上撒尿呢？素质也太差了！"

没过几天，李静的老公出差回来了。李静去飞机场接老公，然后一起回家。到达6楼时，李静提醒老公捂好鼻子。老公纳闷儿地问："为什么？有人家在炒辣椒吗？"李静撇撇嘴，说："你呀，想辣椒想疯了吧。不是辣椒，是尿骚味。也不知道是谁在6层的楼道里撒了泡尿，这么热的天

气，尿骚味儿几天都散不出去，地上还有尿渍，简直恶心死了。”老公皱了皱眉，说：“现在人的素质的确越来越差，但是最近电梯坏了，咱们需要经常走楼梯。你与其每次都掩鼻狂奔，还不停地抱怨，还不如从家里拎桶水，把楼道冲刷干净呢。”老公的话让李静陷入了沉思，过了很久，李静说：“我觉得你说的是对的。我回家之后就拎桶水来把这里冲刷一下。与其抱怨，还不如用抱怨的时间展开行动，做一件既对自己有好处，也对他人有帮助的事情！”说完，李静就快步朝家里走去，放下行李，就开始行动起来了。她甚至还从家里搬了一盆绿萝放在楼梯的拐角处，以净化空气。自从楼梯上变得干净清洁之后，再也没有人在那里随地小便了。

我们天天把做好事、乐于助人挂在嘴边。殊不知，我们与其喊千万遍口号，也不如切实地去做一件哪怕是很小的好事。假如全社会每个人都能行动起来，就能把一件件小的好事汇聚在一起，使整个社会都充满爱。

做好人好事是如此，对于拼搏奋斗，也应该秉持同样的态度。毋庸置疑，不管我们的理想是否远大，都需要我们非常努力，才有可能实现。因而，我们必须立足现实，哪怕对于未来的幻想再怎么美妙，也都要脚踏实地地做好点滴的小事。

任何伟大的理想，只有付诸实践，才能有机会变成现实。人们踟蹰不前的理由多种多样，有的人因为害怕失败，不愿意轻易展开行动；有些人因为畏惧困难，不想迎难而上。殊不知，在那些人坐而论道的时候，机会已经悄然溜走了；在那些人害怕失败的时候，成功也已经悄然溜走了。任何人，只有脚踏实地地去实践，不畏惧失败，也不害怕困难，才能在一次次跌倒之后勇敢地站起来，继续前行。否则，任何空谈，任何美妙的憧憬，都是毫无意义的。

为自己树立榜样，并且将其作为超越的目标

心有多大，舞台就有多大。你为自己树立多么远大的理想，你的人生之路就能有多么辉煌。理想，决定了人生的高度。为此，人们纷纷树立理想，一个比一个更加高远。然而，需要注意的是，好高骛远的理想因其虚无缥缈，也往往是很难实现的。为了帮助我们实现理想，我们最好为自己树立榜样。当你看着自己的榜样正在以身示范时，你自然会鼓起勇气，督促和鞭策自己勇敢前行。

每个人都需要榜样，因为从榜样身上，你能发掘出很多值得学习的东西。尤其是当你的榜样就在身边时，榜样的示范的作用会更加大，时刻督促你勇往直前。举个最简单的例子，当孩子在学校里为自己树立榜样之后，他原本很想玩耍，但是看到他的榜样正在奋笔疾书，用功学习，那么他就会收敛自己的贪玩之心，也开始像榜样那样努力学习。这，就是榜样的力量。

如果说理想是人生的方向，那么榜样则是人生的样板。从榜样身上，我们不但可以学习，也可以预见到未来的自己将会是什么样子的，这可比幻想的激励作用更加切实有效。从这个意义上来说，你选定榜样的时刻，也就制定了你发展的目标。当然，榜样的选定也不能一蹴而就。因为过高的榜样非但无法激励我们进步，反而会让我们产生挫败的感觉。例如，作为一个普普通通的人，却以大明星作为榜样，但你无论如何努力，都觉得无法触摸到成功的边缘。时间久了，你必然会从失望到绝望，直至最终彻底放弃。反之，如果你的榜样只是目前在学习上领先于你的同学。你在读大专，他在读本科。那么你只要努把力，争取大专毕业之后继续读本科，就能让自己实现目标。也许有人会说，如果把榜样树立得过于平凡，就会影响我们积极进取，不利于我们长期发展。其实不然。如果你很快就达到

了榜样的水平，那么你完全可以继续为自己寻找合适的榜样。榜样的树立不可能一劳永逸，你只有不断地树立榜样，就像大闸蟹在成长周期内的蜕壳一样，才能不断超越自我，在实现短期目标的满足和未能实现长期目标的不满足之间，实现螺旋式的上升。

开学之后，豆丁就是初三的学生了，但是他在学习方面始终没有太大的长进，这让他的爸爸很苦恼。豆丁从小就失去了妈妈，如今和爸爸相依为命，虽然爸爸努力工作，挣钱提高豆丁的生活水平，但是并不能像他的妈妈那样无微不至地照顾豆丁，因此他们爷俩的关系很紧张。爸爸看着豆丁即将要参加中考，成绩却不理想，心里很着急。思来想去，爸爸想出了一个好办法。

原来，豆丁从小就和萌萌一起长大，和萌萌就像铁哥们儿一样。爸爸专程到学校找老师，恳请老师在班级里开展学习小组，两两配对，从而把萌萌和豆丁搭配成一组。这样一来，豆丁与萌萌的关系就变得微妙起来，他们不但是玩伴，更是学习上的伙伴，出现了互相竞争、你追我赶的态势。果不其然，在第一次月考中，原本成绩排名中上等的萌萌，提前了两个名次；而学习较差的豆丁，反而还倒退了一个名次。看到排名之后，老师特意点名说豆丁和萌萌的学习小组效率很低，需要努力了。

放学之后，萌萌埋怨豆丁："你啊你啊，要不是你拖后腿，咱们怎么可能挨批评呢？！这下好了，我所有的努力都被你抹杀了。下次，如果你再这样，我就不和你一组了！"听了萌萌的话，豆丁羞愧极了。他满脸通红地说："放心吧，从现在开始，我就把你作为我的榜样，我每次都要提前三名，最后超越你。"从此之后，豆丁果然被激发出浓厚的学习兴趣，甚至连每天晚上必看的科幻节目都暂停了。经过一个月的努力，在月考中，豆丁居然提前了六个名次。萌萌也提前了一个名次。看到这样的结果，老师也发自内心地为他们高兴，当着全班同学表扬了豆丁，并且号召大家都向豆丁和萌萌学习！相信如此良性循环之后，豆丁和萌萌在学习上都会有很大的进步。

在学习上，为自己树立一个榜样，并且以榜样为目标，一定会使学习效果成倍增长。当然，榜样的作用并不限于积极的方面。曾经有心理学家经过研究发现，在自杀高发的季节，很多人都是因为受到那些自杀的人的影响，最终也选择了自杀。由此可见，榜样的力量是非常强大的。

有过孩子的人都曾带孩子打过防疫针，尤其是学校里集体打防疫针的时候，原本很多孩子因为害怕想哭，但是一看到前面的小朋友打针没有哭，马上就会佯装坚强，做出笑脸，拒绝哭泣。

在生活和工作中，我们始终都需要进步。所谓“活到老，学到老”，追求永无止境，在现代社会真的是至理名言。那么，在进步的过程中，当我们感到迷惘的时候，当我们感到力不从心的时候，不如为自己选择一个榜样吧。在榜样的言传身教下，相信我们一定能够更快地进步和成长。

你的软弱一无是处

现代社会不但生存压力越来越大，职场上的竞争也日益激烈。如果说金庸的武侠小说里武林高手云集，那么现代职场上也同样是高手如林。虽然每个行业的强者所擅长的领域并不相同，但是强者们都有一个共同特点，那就是从不示弱。他们总是表现出无畏的品质，让对手闻风丧胆，缴械投降。很多情况下，有些人虽然能力很强，工作态度也严谨认真，最终却输得一无所有，并非是因为他们不够优秀，而是因为他们过于软弱。从这个意义上来说，他们并没有输给对手，而是输给了自己。

如果你想要傲然屹立于天地间，你想要打拼出属于自己的舞台，你首先应该藏起软弱。表现出软弱，大多数情况下并不能帮助你赢得同情，而只会使你威风扫地，别人反而士气高昂。要想成为强者，首先应该让自己拥有强大的内心，这是成为强者的基本条件。真正的强者，泰山压顶而面不改色，始终淡定从容。心里的强大，让人们拥有生命中最神奇的力量。面对人生的诸多坎坷和挫折，这种力量能够帮助人们更加从容坦然，更加淡定自若。强者，在获胜的时候从不得意忘形，在失意的时候也从不绝望沮丧。他们的气度，使他们能够做到宠辱不惊。

真正的强者是满怀自信的。自信，是人生中最伟大的力量，能瞬间让一个卑微者变得高大，也能瞬间让一个怯懦者变得勇敢。如果没有自信，我们就会失去顶天立地的脊梁。而软弱，恰恰是自信的天敌。从现在开始，就收起你的软弱吧，你的人生不需要它的存在。

有一个女孩儿从小就很喜欢跳芭蕾舞。一直以来，她最大的梦想就是能接受专业的学习，成为一名真正的芭蕾舞者。不过，她有些不够自信，很想弄明白自己是否真的具备跳芭蕾舞的天赋。因此，当得知有个芭蕾舞团的团长要来进行巡演时，她特意跑去求见那个团长，想验证自己是否能够在芭蕾舞的表演上有所成就。

团长要求女孩儿跳一段舞，女孩儿欣然应允，开始全身心地投入表演。然而，女孩儿刚刚跳了几分钟，团长就打断她的表演，说："我想，你并不具备成为一名优秀的芭蕾舞者的潜质。"团长的话让女孩儿万分沮丧，她绝望地回到家里，生气地把舞鞋扔到床底下，再也不想跳芭蕾舞的事情了。从此以后，她收起心来，和大多数女孩儿一样按部就班地结婚生子，找了一份普普通通的工作。

几年后的一天，女孩儿听说有芭蕾舞团来表演，赶紧兴冲冲地买了门票前去观看表演。出乎她的预料，原来这个来表演的芭蕾舞团就是当年宣布她没有芭蕾表演天赋的团长带领的。因而，当在门口碰到该团长时，她提起几年前的事情，与团长聊了起来。她疑惑地问："团长，我有件事情始终想不通。当时，我只跳了几分钟，您就说我不具备成为优秀芭蕾舞者的潜质，您究竟是如何在那么短的时间内做出判断的呢？”团长想了想，才恍然大悟地说：“哦，原来你是因为这个才放弃芭蕾舞学习的呀？！其实，我对于每一个在我面前表演的芭蕾舞学习者，都会这么说。”女孩儿大吃一惊，喊道：“您知不知道，您的一句话完全改变了我的命运。也许，我原本可以成为一名非常优秀的芭蕾舞者呢？！”团长看着震惊的女孩儿，淡然地说：“我并不认同你这句话。其实，您命运的改变，是因为你心底的软弱。假如你真的那么喜欢芭蕾舞，假如你真的梦寐以求想在舞台上表演芭蕾舞，你一定不会在意我的话。真正的芭蕾舞热爱者，即使全世界的每个人都说她不适合表演芭蕾舞，她也会一如既往，一往无前的。”

这个女孩儿的命运，因为那个团长漫不经心的一句话，彻底被改变了。但是团长说的没错，改变她命运的，并非是团长的话，而是她自己软弱、怯懦的心。在人生的路上，我们一定要坚守自己的梦想，不要因为任何外界的原因改变自己的心意，更不要因为他人随随便便的一句话，就放弃自己的目标。

每个人在诞生之前，都曾经经历过“千军万马的厮杀”，因而每个人从呱呱坠地后，就是独特的获胜者。在每个人的眼前，生活的画卷都绚丽地铺开。但是，为什么有的人始终保持强者的本质，有的人在生存的过程中却越来越软弱、畏缩呢？外界的原因固然能起到一部分作用，但是人们内心的强大与否才能起决定作用。为了我们的梦想，为了我们的人生，我们必须抛弃软弱，勇往直前。

周国平曾经说：“被失败阻止的追求是软弱的追求，它的力量是有限的；被成功阻止的追求是浅薄的追求，它的目标是浅薄的。”的确，除了我们自己，没有任何人能够阻挠我们实现梦想，追求人生。除非你心甘情愿地放弃人生，没有任何人能够改变你的人生命运。

第07章

狠心逼自己一把，你才知道自己有多优秀

在你抱怨自己时运不济、命运不佳时，你其实不知道，你的运气非常好；在你因为自己能力不足、学历不高时，你其实不知道，你凭借努力也会变得非常优秀。生活，总是这样逗弄我们，总要在我们历经千辛万苦之后，才会给予我们惊喜和回馈。因而，任何时候都不要因为觉得自己不够优秀而放弃，因为你远远比你想象中的更加优秀。

怀着感恩之心，你会发现生活充满美好

对于生活，很多人都有着无穷的抱怨，并且探求生活的本质而不得。其实，生活的本质很简单，那就是生活取决于你的内心。当你的心无比复杂且贪婪时，你的生活就会张开血盆大口，就像一个无底洞。相反，当你的心知足且感动时，你的生活也会幸福而安逸。这就是生活的本质，也是我们心的本质。当你抱怨生活时，你不如停止抱怨，改变自己的内心。实际上生活本不复杂，只要你的心简单。

对于命运，人们常常用一招走错满盘皆输来形容。殊不知，命运并非那么严酷的，而且也没有人能保证自己走对人生的每一步。所谓落子无悔，即使你走错了人生的一两步，也完全可以在未来的日子里改变自己，从而弥补人生。总而言之，还是我们的心太复杂了。从现在开始，就让我们变得简单一些吧，让生活也变得像“1+1=2”那么明了。当你把简单作为生活的纲领，你会发现生活中的一切烦恼都能迎刃而解。

作为一家公司的销售主管，李娟的生活几乎每天都是奋力拼杀。众所周知，做销售工作靠的就是业绩，只有始终为业绩打拼，才能保持优秀的状态。又因为销售工作的报酬直接与业绩挂钩，所以很多销售人员都承担着巨大的业绩压力，几乎做梦都在想着出业绩的事情。李娟也不例外，所谓新官上任三把火，自从她担任销售部主管以来，就无时无刻不在承受着巨大的压力和高强度的工作。半年多过去了，虽然李娟把自己负责的华东大区的销售业绩提升了很多，但是她却因为压力大患了抑郁症，不得不停下工作，去山区旅游和调养。

在一家路边的小吃店，李娟第一次真正感受到幸福的魅力和感恩的魔力。毫无疑问，在李娟眼里，这家由全家人通力经营的小吃店几乎不算什么，但是对于店主全家而言，却是生活的希望所在。每天清晨他们全家人就起床忙碌，各自都有分工。这样的忙碌，会从清晨持续到深夜，他们不得不在白天的时候轮流休息，以此支撑小吃店的工作能正常运转。看到这样的情形，李娟疑惑地问店主："你的孩子已经那么大了，为什么不让他们出去打工挣钱呢？肯定比这样来钱快，也没那么辛苦！"店主笑着说："孩子们从小就没离开过家，老大曾经和别人一起出去打工半个月，但是觉得无法适应，就又回来了。"李娟困惑地问："但是这样并不是长久之计啊！总不能一直这样下去吧？"店主的老婆惊讶地反驳："怎么不能呢？我们现在生意还不错，全家人有吃有喝，还有盈余。你看看那边的小楼，就是我们刚刚修建的，楼上楼下有十几间房子呢，足够全家人住了。我们全家人都在一起，每天开开心心、快快乐乐，那些孩子不在身边的邻居们，都羡慕不已！其实你来得不巧，要是早几天来，我们有山里的野味，还有鲜美的野生蘑菇，不过这几天都已经吃完了。这些东西，可是你们城里人有钱也买不到的啊！"看到店主夫妻幸福满足的样子，李娟突然意识到自己如同拼命三郎一般的人生简直是太失败了。

自从大学毕业之后，李娟因为忙于工作，就很少回家看望父母了。即使回去，也是匆匆忙忙的两三天，在家里根本待不住。也因为忙于工作，李娟都30多岁了还没有结婚，这始终是父母心中最惦念的事。因为忙于工作，李娟患有严重的胃病和神经衰弱……如此多的痛苦和不安，都是因为李娟忙碌的工作引起的吗？其实，是因为李娟无法平静的内心。李娟决定，从此以后简单地生活，感恩自己所拥有的一切，不再因为过多的奢望而失去更多的亲情、友情和爱情。

生活原本很简单，有些人却偏偏将其变得复杂化。李娟虽然靠着自己的打拼得到了很多，例如房子、车子、奢侈的生活，但是却失去了内心的安宁和平静。她的人生太辛苦了，而且像蜗牛一样背负着沉重的壳，因而始终无法做到轻装上阵，减负前行。相比李娟，店主夫妻虽然只有这样一家简陋的路边小店，但是他们却生活得富足而安稳，因为他们有一颗对生活不奢求、不苛求的心。从现在开始，让我们也努力改变自己，简单地生活下去吧！

尤其是现代职场上，更是人心叵测，导致每个职场人士都因为钩心斗角变得疲惫不堪。如果我们每个人都能简单一些，对人对事都常怀感恩之心，不但我们的人生会变得更加轻松，整个世界都会因此而变得美好起来。

经营生活，不但需要充满智慧的头脑，也需要运用很多技巧。只要你能够怀有感恩之心，再辅以简单生活的技巧，让生活变得井井有条，你就一定能够改变自己的生活状态，让自己变得更加从容淡定。

预支生活，将你提前带入未来

对于生活，每个人都有自己的幻想和憧憬。但是，理想总是很丰满，现实总是很骨感，我们真正从现实走向理想，还需要漫长的时间。前文曾经说过，成功是没有捷径的。因而，你必须非常努力，才能一步步地实现自己的梦想和理想。在这种情况下，除了信心、勇气之外，有没有其他的办法能够帮助我们更快地实现梦想呢？

还记得对待孩子的督促和激励方法中，有个神奇的赞美法吗？使用赞美的方法非常简单，你只要按照自己所期望的那样去赞美孩子，孩子就会渐渐地接近于你所期望的样子。当然，这个办法不但适用于孩子，也同样适用于成人。例如妻子对丈夫潜移默化地改造，也常常会使用这种方法。同样的道理，如果我们把这种思路转移到对自我的激励上，那么你不妨采取一个很有趣的办法督促自己，即从现在开始就像自己憧憬的那样去生活。举个最简单的例子，假如你希望自己能够成为一个受人敬仰的律师，那么你从现在开始就可以尝试着养成律师的生活作息习惯，培养自己具备律师精明干练的风度；假如你想成为一名演员，那么你也可以从现在开始就培养自己的演员气质。当然，这里的预支生活，并不仅仅限于你想成为什么样的人，也可以泛指生活的状态。例如，你一直梦寐以求过精致的小资生活，但是经济条件远远没有达到小资的水平，其实你还是可以模仿小资生活的，因为小资是一种情调，并非必须有大量的金钱作为支撑。再如，你想成为单位里的业务骨干，那么你现在就可以让自己像一个业务骨干那样吃苦在前、享乐在后，而且无论遇到任何技术问题都刻苦钻研，不要等到真正成为业务骨干之后再去努力，否则就会遥遥无期了。如此一来，当你真的像你想要成为的人那样去生活，你就能提前进入未来的生活，从而也能够更加接近于自己的梦想。

在电影《神迹》中，维维安·托马斯因为家境贫穷，从高中时期就开始勤工俭学，努力为自己积攒学费。然而，他辛辛苦苦攒了好几年的钱，却因为银行倒闭而分文无归。无奈之下，维维安·托马斯只得从事最低级的工作，以维持生计。后来，他偶然进入巴洛克教授的实验室工作，主要负责清洗试验器具。对于维维安·托马斯的工作表现，巴洛克教授开始时并不满意。他甚至认为维维安·托马斯笨拙的双手并不适合做清洗工作，但是最终维维安·托马斯却通过自己的努力证实了自己的能力。除了圆满完成工作之外，维维安·托马斯还很努力地利用闲暇时间攻读医学书籍。最终，巴洛克被维维安·托马斯对于医学的热爱所感动，让维维安·托马斯当他的助理。这份助理工作，维维安·托马斯干了很久很久。

维维安·托马斯在巴洛克身边做着真正的助理工作，不但没有任何名分，而且薪水特别低。最可怕的是，在那个种族歧视特别严重的时代，维维安·托马斯还要忍受他人的鄙视和白眼。当时，恰逢巴洛克教授正在研究对紫绀病的治疗，急需助手。在大家都不认为紫绀病能够治愈的时候，巴洛克教授在维维安·托马斯的大力支持和协助下，成功地以狗作为试验对象，证实了血流的方向是可以改变的，最终给紫绀病患者带来了福音。他们在研究过程中，配合越来越默契，操作越来越熟练。在给真正的病人进行手术时，维维安·托马斯必须时刻站在巴洛克的身后，在重要的时刻指导和纠正巴洛克的失误。然而，因为维维安·托马斯的黑人身份，巴洛克在任何庆功或者露脸的场合，从来不会提到维维安·托马斯的名字。甚至是在发表的诸多论文中也只有他自己一个人的名字。为了参加庆功会，维维安·托马斯不得不伪装成仆人的样子，才能混入会场。这种悲哀让人心生难过。终于有一天，维维安·托马斯气愤地离开了实验室。然而，没过几年，维维安·托马斯就再次回到了实验室，再也不计较功名利禄，只为了能过上自己想要的生活——在实验室里与疾病做斗争。

直到若干年之后，曾经默默付出的维维安·托马斯才得到医学界的认可，他的画像与巴洛克的一起，悬挂在霍普金斯大学的墙壁上。

面对前半生的默默无闻、毫无名分，维维安·托马斯始终因为对科学的热爱而默默地忍受着。即便在愤慨离去之后的几年时间里，他也没有一刻忘记自己热爱的医学事业，最终又回到了实验室，继续过自己想过的生活。这样的预支生活，在他人眼里也许看起来很傻，而且维维安·托马斯也不确定自己是否有功成名就的那一天。然而，仅仅因为热爱，他就值得付出。功夫不负有心人，终于，维维安·托马斯与巴洛克一起步入了医学的至高殿堂。因为坚持，他最终成为了自己想要成为的人。

现实生活中，每个人对于生活都有不同的憧憬。例如有些女性想要嫁个好老公，因而自己从不努力。其实，这样的憧憬无疑是苍白无力的。任何时候，我们都不能把命运之舵交给他人掌管。我们唯有成为命运的主人，才能更好地把握自己的人生；任何时候，我们都要努力地为自己当家做主。对于无限渴望的生活，不如从现在开始就尝试着去过吧。相信只要你坚持不懈，就终有一天能够到达理想的彼岸。

成为命运的主宰，你就是上帝

每个人都主宰着自己的命运，因而每个人要想摆脱命运的捉弄，就必须首先战胜自己。就像海明威在《老人与海》中所表达的那样，“一个人尽可以被打倒，被毁灭，但就是不能被打败”。的确，只要我们的精神不朽，就没有任何人能够将我们打倒。因而，我们要庆幸自己就是命运的上帝，我们主宰着自己的命运，我们决定自己的人生。

在一个人来到这个世界上之前，其之所以能够在妈妈的肚子里茁壮成长，首先已经经历了“千军万马的厮杀”；在妈妈温暖的子宫里成长的过程中，同样要在漫长的黑暗中等待，经历无数次蜕变，才能有血有肉，成为一个健康的胎儿。想想吧，你生命的形成和成长，是多么神奇而又伟大的事情啊！尤其是这些变化不但繁复，而且充满变数，最终才能成为此时此刻的你。这么想来，你完全有理由为自己的生命感叹，也为自己无穷的生命力点赞。既然如此，还犹豫什么呢？！你就是命运的主宰，你就是自己的上帝，从现在开始，动起来吧！

如今，肯德基已经遍布世界各个地方，成为众人喜爱的快餐食品。然而，肯德基的创始人桑德斯上校的故事，却鲜为人知。桑德斯上校的生活始终很拮据，直到退休，他也仅仅是在高速路旁开了一家小饭店而已。当时，桑德斯上校就已经开始在自己的小饭店里售卖炸鸡，而且深受顾客的欢迎。但是，他的饭店生意刚刚有起色，就因为高速路改道导致顾客锐减而濒临倒闭。为此，桑德斯上校不得不关闭饭店，准备出售炸鸡配方，以勉强度日。然而，根本没有饭店愿意购买他的配方，他为此遭受了许多人的嘲笑。不过，桑德斯上校并没有放弃。他开着自己破旧的老爷车，走遍了很多地方，终于在被他人拒绝1009次之后，找到了愿意购买炸鸡配方的人。从此，他的命运发生了转变，他的连锁店遍布全球各地，成为了全世界饮食界的传奇。如今，当你在肯德基门口看到这位慈祥和善的老爷爷时，不妨想一想他的艰难经历吧，这样也许你就有勇气面对一次又一次的失败，重新扬起人生的风帆勇往直前了。

作为俄国的航天之父，康斯坦丁的人生充满坎坷。很小的时候，父亲就培养他谦虚、勤俭的习惯，并且帮助他养成了独立自主的好习惯。不过，他还有个天生的爱好，那就是特别喜欢幻想。在八岁的时候，他收到母亲赠送的一个氢气球。母亲告诉他："宝贝，拿好这个气球，不然它就飞走了！"他小心翼翼地接过气球，刚刚松手，气球突然间就飞到空中，越飘越远。妈妈问："宝贝，妈妈叮嘱你要拿好它！你为什么要撒手呢？"他以稚嫩的声音说："我想看看气球能飞到哪里去？"妈妈笑了，说："它一定是飞到月亮上了。"

小康斯坦丁惊讶极了，问妈妈："等长大了，我也能飞到月亮上吗？"妈妈毫不迟疑地回答："当然不可能。""如果我抓住一只巨大的氢气球呢？可以飞上去吗？"妈妈说："也不可能。"小康斯坦丁继续幻想着，脑子里总会涌出更多奇怪的念头。

十岁那年，小康斯坦丁不幸患了猩红热，导致并发症非常严重，导致他的听力被严重地损害了，使他几乎失聪。从此之后，他的听力急剧下降，在课堂上甚至无法听清楚老师讲的话。为此，他变得越来越自卑，也不愿意再和小朋友们一起玩耍了。最终，小康斯坦丁辍学回家，在母亲的教授下学习功课。母亲总是夸赞他想象力丰富，这为他树立极大的自信。然而，两年之后，母亲也离开了人世，他的生活一下子陷入低谷，痛苦不堪。幸运的是，小康斯坦丁从小就具有独立自主的精神，因而他顽强地面对命运的打击，更加勤奋刻苦地学习，沉浸在知识的海洋里，从而暂时忘记了痛苦。在学习的过程中，康斯坦丁对物理表现出浓厚的兴趣。他不但掌握了很多物理学知识，而且还独立地设计出一些模型，从而验证物理学知识。在实践过程中，他的动手能力越来越强。后来，康斯坦丁于大学毕业后成为一名教师，总是利用教学的闲暇时间进行研究工作。直到1883年，他创作的《自由空间》论文，为人们几千年来的航空梦想打开了思路。

不管是桑德斯上校，还是康斯坦丁，无疑他们都是命运的主宰者，都是人生的上帝。如果桑德斯上校当初被拒绝之后就选择了放弃；如果康斯坦丁在遭遇磨难和命运的打击之后就不再努力，那么不但现在世界上缺少了一家令人趋之若鹜的快餐店，人类的航天梦想也会因为缺少理论的指引而推迟实现。虽然我们每个人都是普通人，也许无法成为对整个人类做出贡献的伟人，但是只要我们坚持不懈地努力，相信自己最终能够主宰命运，我们就会创造属于自己的生命奇迹。

很多时候，我们只要稍微调整一下自己的心态，就能改变整个世界在我们心中的印象。我们没有理由抱怨，也无须抱怨。因为抱怨非但于事无补，反而会导致事情的恶化。最聪明的做法是从现在开始努力改变命运，从现在开始坚定不移地相信自己。只要你做到了，你就是自己的上帝，你就能成功地把握自己的命运。生活的这一刻永远不会是最糟糕的，因为没有人知道更糟糕的时刻会何时到来。与其因为抱怨迎来更糟糕，不如用积极乐观迎来更美好。朋友们，行动起来吧，你是最棒的！

做自己喜爱的事情，你才能全心投入

人生最幸运的事，莫过于能够做自己喜欢的事情。现代社会，很多大学生毕业后都找不到与专业对口的工作，至于有幸能够从事自己喜欢的工作的人，则更是少之又少。殊不知，兴趣是人们最好的老师，也是人们职业发展的绝佳动力。任何情况下，我们只有做自己喜爱的事情，才能激发出自己源源不断的动力，从而更好地帮助我们获得成功。

为什么兴趣如此重要呢？试想，假如你做事情的时候心不甘情不愿，只是当一天和尚撞一天钟，那么你能发挥出自己的创造力，寻找到创作的灵感吗？如果你曾经看过很多名人传记，你会发现古今中外，大凡能够在科学领域、文化领域、艺术领域，甚至是政治领域有独特建树的人，他们本身一定是非常热爱自己所做的工作的。因而，从现在开始，如果你不喜欢自己的工作，也对自己正在做的事情提不起任何兴趣，那么千万不要再虚度光阴，一定要及时改变，寻找到自己最喜爱的工作。唯有如此，你接下来的人生才不会虚度，你才更有可能全身心地投入，开拓属于自己的人生天地，直到获得成功。

她毕业于哈佛大学经济及数学系，成绩非常优异，因而很顺利地进入一家知名公司工作。经过两年时间的积累和沉淀，她的工作做得风生水起，得心应手，深得老板赏识和喜爱，而且积累了丰富的客户资源。不过，她始终觉得工作中缺少了点儿什么，那就是欢喜和乐趣。因为工作压力大，她为了放松自己，经常回忆年少时去同学家串门的情形。那个时候，那位同学的妈妈恰巧正在烘烤蛋糕。在那个年代，自己家里做蛋糕简直是想都不敢想的事，因为这么多年，那蛋糕的香甜松软和奶油的细腻嫩滑，始终在她的记忆中萦绕。尤其是看到同学的妈妈在把蛋糕放进烤箱烘烤之后，居然心灵手巧地做起了造型各异的饼干，更是让她一瞬间无限崇拜同学的妈妈，觉得她简直就是世界上最伟大的魔术师。

后来，她独立生活之后也购买了烤箱、烘焙工具等，一边观看美食节目，一边自己尝试着动手制作。虽然工作紧张，但是她却从中得到了莫大的乐趣。有一次，她回家之后亲手烤制蛋糕给父亲过生日，简直把父亲高兴坏了。然而，如今她远在美国，很少有机会再为父母烘烤糕点了。一天下班后，她路过一家非常有名的蛋糕店，为自己点了一块巧克力慕斯。当看到巧克力慕斯别致的造型时，她的心中突然一动。如果她也能做出如此精致的糕点，那该是多么让人自豪的事情啊！糕点师看她久久地凝视着巧克力慕斯出神，因而走上前去与她攀谈。当得知她的工作虽然令人羡慕，但却不能给自己带来快乐时，糕点师热情地邀请她去后厨亲手制作糕点，感受烘焙的乐趣。她应邀欣然去了后厨，从此之后，她便打开了人生的新天地。

在干净整洁的操作间，她如鱼得水般地享受着每一道甜点的制作乐趣；她的眼睛熠熠闪光，似乎发现了找寻已久的人生宝藏；她的脸颊通红，似乎正在感受生命的喜悦。结果，糕点师反而成了她的下手，她充分发挥自己的无限创意，让糕点师也不由得为之叹："这简直是艺术品啊！"从此之后，她成为糕点师的好朋友，又是志愿大厨。一有空闲时间，她就来到糕点屋尽情享受制作和烘焙糕点的乐趣。思来想去，她做出一个大胆的决定——辞职，自己开一家甜品屋。在得到父母的同意之后，她从一个光鲜亮丽的白领，变成一个勤学上进的好学生，为独立开西点屋做着充分的准备。

一年之后，她的西点屋顺利开张了。和白领相比，这份工作无疑非常辛苦。她每天凌晨起开始忙碌，准备一天要用的材料，午夜才能拖着疲惫的身体下班，但是她的心却充满了欢乐。每当把自己精心制作的甜品端给顾客享用时，她都觉得自己实现了人生的价值。很多顾客都是回头客，似乎每天要是不吃她制作的甜点，就缺少了很多的乐趣。她很多独创的甜品都是招牌甜品，深受顾客的喜爱。曾经，有位顾客专程从遥远的地方乘飞机来吃她的甜品，并且极力邀请她去开分店。如今，她不仅有好几家连锁店，还出版了自己关于烘焙美食的书籍。她，就是中国女孩张柔安，她创造了自己人生的奇迹。

张柔安的学历很高，工作也很好，原本是人人羡慕的白领，曾出入高档写字楼。然而，她对那份工作根本没有兴趣，所以始终找不到乐趣。尽管她把工作做得很好，但是那只是理智使然。从感情上来说，她最爱的工作就是烘焙，就是和面粉打交道。因而，她辞掉工作，顺应自己的喜好，历经辛苦地开了一家甜品屋。从此之后，她的人生与众不同。她从事着自己喜欢的工作，像对待每一件艺术品一样对待自己的甜品。每当在操作间工作时，她简直就是在以灵魂起舞。我们姑且不论她的选择从金钱和成功的标准来衡量是对是错，仅就这份快乐，也是任何东西都换不来的。她偏偏还把事业做得风生水起，引人羡慕。其实这很容易理解，她这么热爱自己所做的事情，毋庸置疑当然能将其做好。兴趣，不但是我们最好的老师，也是我们源源不断的动力。

只有以兴趣作为支撑，我们才能保持长久的激情。尤其是在现代社会，生存和工作压力都如此大的情况下，在工作中常会面临窘境，如果以兴趣为出发点做出选择，工作的乐趣就会给予我们更强劲的动力，帮助我们在工作中有更好的表现，离成功就会越来越越近。

永远不要自以为是，生活的奥秘很多

生活如逆水行舟，不进则退。尤其是在现代的湍急河流中，如果想让自己进步，我们首先应该不断发掘自己的潜能，抓住一切机会在知识大爆炸、信息大爆炸的背景下，随时随地更新自己的知识结构，给予自己更多的发展机会。偏偏有些人，明明是管中窥豹，却自以为了解了所有的真相，因而处处高傲自大，最终却发现自己早已被时代的洪流远远甩在后面。这样的境遇，不得不说是莫大的悲哀。

很多时候，我们自以为懂得了，实际上我们懂得的只不过是皮毛，却自以为是，其实非常肤浅。任何知识，都应该放在生活的大背景下去考量，才能得到客观公正的认知。哲学的思辨思想告诉我们，任何情况下，我们都应该放宽心态，以宽和平静的心待人。那些自以为是的人，总是好为人师，动辄就想以专家的身份去指点他人。殊不知，他人所掌握的知识远远比你渊博，你所以为的懂得只是自以为是。

读透生活这本书，无疑是很难的。有些人读生活，也像是读闲书一样，漫不经心地看两眼，说句“不好看”，就将其丢到一边去了。这样的人最好不要看经典，因为即使看了，也只是白白浪费时间而已。生活这本书，不但深厚、复杂，而且千变万化。你何曾看到生活中的人和事始终处于不变之中？生活中的任何人和任何事，都处于瞬息万变之中。我们只有及时更新自己的知识，才能顺应时势，不至于被时代的洪流淹没。记得有位名人曾说，“1000个人眼中就有1000个哈姆雷特”。这句话真的很有道理。就像中国古代四大名著之一的《红楼梦》，仁者见仁，智者见智，人自身的学识修养和理解程度，决定了《红楼梦》在各人心中的深度和感悟的哲理。有人说《红楼梦》不过是富贵人家的小姐、公子哥之间的卿卿我我。但是时代发展至今，有很多人都在研究《红楼梦》，甚至形成了专门的红学派。由此可见，《红楼梦》绝不浅薄，只是有的人把它读浅了而已。

单就一本书、一句话，就有如此复杂多变的解释和理解，因而任何时候都不要自以为是。既然你所以为的懂，只是自以为是，那么就从现在开始，努力提升自己吧！当你怀着空杯心态处处虚心学习，生活也许就简单了许多。

在公司里，丝丝和小淳是关系最好的朋友。她们在差不多的时间一起进入公司，因而一起经历了试用期，又一起成长，如今都已经是公司的老员工了。丝丝的家就在本市，父母都是知识分子，因此她从小就过着衣食无忧的生活。大学毕业后，父母就给她买了套房子，让她自己住，过自己喜欢的生活。小淳呢？虽然她和丝丝关系最好，但是家境可就差多了。小淳的母亲在她很小的时候就去世了，小淳的父亲如今疾病缠身，几乎每个月都要向小淳要钱看病、吃药。前段时间，小淳的父亲还因为病情严重，从老家来到了本市，想让小淳带着他去看病。每天晚上，小淳都把自己的床让给父亲睡，自己则在地上打地铺。每当想到父亲昂贵的医疗费，小淳就觉得生活无望。最让她发愁的是，前几天医生告诉她她父亲的病有救，但是治疗费用昂贵，大概需要30万元，而且此后每个月都需要几千元钱的医药费进行维持。

小淳思来想去，也没有想到好办法，她只得决定卖掉老家的房子，以后努力赚钱把能够康复的父亲送进养老院。即便如此，她还是需要筹措很多钱。巧合的是，这段时间她所在的部门主管丽娜高升了，因而部门主管的职位就空了出来。如果她能够得到这个职位，那么她的工资至少能涨50%，父亲的治疗也就可以勉强维持了。不过，她最强劲的对手就是丝丝。因为丝丝在工作上的表现一直很优秀，而且因为曾经当过项目组长，所以在管理上比她更占优势。这可怎么办呢？一边是升职，一边是好朋友。最终，小淳给上司写了一封匿名邮件，披露了丝丝有一次无意间泄露了公司的机密。就这样，小淳顺利升职，而丝丝呢？则黯然离职。

小淳所不知道的是，丝丝不用问也知道那封匿名邮件的来源，因为关于那次无意间泄露公司机密的事情，她只告诉过小淳一个人。不过，丝丝知道小淳的父亲身患重病，正等着钱救命，所以丝丝什么都没说，选择一言不发地离开。直到几个月之后，因为机缘巧合，小淳才知道丝丝对她的宽容大度而懊悔不已。

当感情与利益发生冲突时，我们总是觉得万分为难。因为感情是我们所珍视的，而利益则是我们无法舍弃的。就像小淳一样，假如她能够与丝丝坦白自己的苦衷，那么带给丝丝的伤害也许会小一些。恰恰是因为她的自私和无情，丝丝才那么伤心地离开，她并不在乎失去的职位，而只是伤心自己又失去了一个很好的朋友。不过，丝丝的宽容大度，终将能够唤醒小淳的真挚和善良。

任何时候，感受都是我们内心最真实也是最直接的体验。我们用心感受他人和世界，也因此做出自己的判断。虽然有的时候我们以无意的状态学习，但是大多数情况下我们的学习都是有意识的。既然如此，我们就要以空杯心态有所选择地充实自己，让自己具有更加丰富的内涵和修养。

第08章

提升自我优势，为自己多积攒点儿底牌

在通往成功的路上，我们总是害怕失败的到来。其实，失败并不可怕，不管是一次失败，还是屡次失败，只要我们能够端正态度，从失败中汲取经验和教训，我们就一定能够提升自己的起点，踩着失败的阶梯再次奔赴远大前程。和失败相比，更可怕的是失败之后一蹶不振，再也无法站起来。就像一个人走路的时候跌倒，爬起来拍拍身上的泥土，继续走就好了。但是如果他跌倒之后就一直趴在那里，则他的旅途就提前到达了终点。任何时候，我们都要对自己狠一点儿，唯有如此，我们才能最大限度地激发自己的潜能，尽快提升和完善自我。

未进场，永远不可能赢得比赛

现时的世界，有越来越多的人沉迷于享受和安乐。尤其是很多年轻人，即使第二天是世界末日，他们也自顾自的享乐，根本不为明日的事情操心。这种现实的思想，虽然能够把人们从无穷无尽的忧思中解脱出来，但是也给生活带来很大的隐患。毕竟，生活很少在次日就突然停止，无论你如何把今天当成是生命中的最后一天尽情挥霍，你都要准时迎接明天清晨太阳的升起。

很多人沉迷于当下的一刻，并非是因为他们没有远见，缺乏规划，而是因为他们对未来的恐惧。他们不愿意去想未来的事情，因为他们知道该来的事情终将到来，而未必都是好的结果。所以，他们便尽量逃避，尽量拖延。没错，当你去打一场比赛，你面临的结局无外乎是成功和失败。你当然害怕失败，取义成仁也未必是那么风光无限的。可是，难道你不进场就一定能赢吗？答案当然是否定的。如果你始终不进场，那么你在避免失败到来的同时，也彻底失去了成功的可能性。你看到谁是在比赛场外赢得比赛的呢？所以，你若不进场，就永远不可能获胜。从现在开始，让我们鼓起勇气面对该来的一切吧！否则，你永远只能坐在观众席上，看场上的人酣畅淋漓地拼搏到最后一刻。哪怕是失败，也比不敢进场来得更加痛快！

正在读大学的张晓，眼下和大多数同学一样，每天都在赶场参加面试。她可不想毕业之后还向父母要钱吃饭穿衣，因而她未雨绸缪，提前几个月就开始节省生活费，以便在毕业后暂时找不到工作的情况下能够支撑一段时间。

前段时间，张晓无意间得知有家世界五百强的企业正在进行年度的大规模招聘。这可是个千载难逢的好机会啊！在看过该企业的招聘简章之后，虽然她的条件未必完全符合，张晓还是勇敢地投出了简历。得知此事后，张晓的好朋友月霞大吃一惊，说：“你可真是自信爆棚啊！你知道吗？这家企业从未聘用过没有工作经验的应届毕业生，因为想去他们那里工作的优秀人才简直太多了。你投了简历也是在做无用功，我建议万一你得到面试的机会，也不要去面试，否则就是自取其辱。”月霞的话打击了张晓的积极性，使她在一段时间里非常沮丧。不过，当真的收到该企业的面试通知时，她马上就像打了鸡血一样，变得亢奋无比。虽然月霞说这肯定是企业大批量打电话通知面试，所以才会通知张晓的。但张晓却不以为然地说：“管他呢？既然通知我了，我就当成是他们对我很感兴趣。我要一如既往地去参加面试，即便不成功，也算是增加一次实战操作的经验。”

就这样，张晓抱着不成功便成仁的观点前去参加面试了。面对考官提出的各种让人崩溃的问题，她完全放松，毫不紧张，说的都是自己的真实想法。出乎她的预料，三天之后，她收到了该企业的聘用通知书，让她于一周之内去该企业的人力资源部签订劳务合同。

在这里事例中，原本以应届大学毕业生的身份，张晓是无法成功应聘这家世界五百强企业的。然而，现实的情况不停地在变化，曾经从不聘用应届大学毕业生的该企业，恰恰改变了招聘原则，决定在聘用大量有经验的员工的同时，也吸纳一些新鲜的血液，培养一批企业土生土长的人才。就这样，敢于进场的张晓意外地得到了面试的机会，且凭着勇往直前的拼搏精神，顺利进入这家知名企业工作，成为同学们人人羡慕的对象。

不管做什么事情，如果你连尝试和开始的勇气都没有，你也就注定了连失败的机会都没有。的确，一旦进场，你或者成功，或者失败，而且如果天时、地利、人和都不达标的话，你有绝大的可能性会失败。但是这没有什么可怕的，你必须去尝试，才能知道事情的结果如何。

很多时候，人生的转折点并不会以轰轰烈烈的模样出现。人生的很多重大转折，都是在一些不起眼的小事中实现的。有时因为一念之差，我们人生的格局就会完全改变，甚至导致与此前走向完全不同的方向。在这种情况下，我们必须勇敢地进场，努力地突破自己，甚至是超越自己。当你真的去做了，你就会发现原来你心中的那堵墙并不存在，现实一帆风顺。退10000步来说，就算你真的遭遇失败，你也可以重头再来。很多人都说年轻就是资本，我们要说，即使不再年轻，勇气也是最大的资本。正如刘欢那首歌里所唱的："心若在，梦就在，天地之间还有真爱；看成败，人生豪迈，只不过是重头再来"。

包括股神巴菲特在内，没有任何人能够保证自己百战百胜。据说，巴菲特和很多普通人一样，也曾怀疑过自己，也曾胆怯畏缩。他之所以能够成为享誉全球的股神，就是因为他在面对失败的时候，始终保持平静和理智，因而能够把失败作为阶梯，让自己更进一步，而不是使失败成为彻底阻碍自己发展的魔咒。战胜自我，超越自我，你也可以！

时间就像海绵里的水，你挤了吗

鲁迅先生曾经说过，"时间就像海绵里的水，挤一挤还是有的"。现代社会，生活节奏加快工作压力越来越大，人们终日忙忙碌碌，为了生存而奔波。无数人抱怨时间越来越不够用，忙了工作就没有时间照顾家庭，顾了家庭又失去了工作，似乎家庭和工作变成两个对立面。其实，这些人是因为没有搞清楚生活和工作之间的关系。工作的目的是为了更好地生活，生活才是工作最本质的追求。假如因为工作失去了生活，那么纯粹的工作又有什么意义呢？实际上并非生活和工作不可兼顾，而是有些人把生活和工作变成了对立的、不相容的关系。

时间就像海绵里的水，当你提高了工作效率，合理安排工作的时间，你就有了更多的时间陪伴家人、照顾家庭。即使排除家庭的因素，你也需要合理地安排工作，才能保证自己有充足的时间休息和娱乐。在紧凑型的生活中，时间远远大于每天24个小时；在松散型的生活中，时间远远小于每天24个小时。而在理应奋斗的人生阶段，我们必须延长时间，这样才能在有限的生命中做出更多的努力，最大限度地提升自己。

时至今日，依然有很多人在做着白日梦，奢望天上能够掉馅儿饼，突然砸在他们的头上。实际上，事实已经证实了，天上永远不会掉馅儿饼，或者说即使真的掉下馅儿饼来，也不会砸到你的头上。所以，不要太高看自己，该努力的时候，必须认真踏实、不遗余力地努力。人人都渴望成功，只有对自己狠一点儿的人，才能获得真正的成功。

张丹能有今日的成就，完全是倚靠他自己努力的结果。听到或者看到这个名字，很多人都以为张丹是位温柔娴静的女孩儿。其实，张丹并不是女孩儿，是个黑脸的男子汉！他皮肤黝黑，很多相熟的同事都笑称他是非洲人。

从大学毕业进入公司开始到现在，张丹已经到公司10年了。10年说长也长，说短也短。很多人在10年的时间里如同一日，迄今仍然是名不见经传的小角色。但是张丹却在10年里实现了人生的蜕变，成为公司的副总。没有后台也没有背景的他，到底是如何做到的呢？很多人说张丹运气好，所以才能平步青云，只有张丹自己知道自己付出了多少。

从进入公司第一天开始，他从未按照正常的作息时间上班或者下班。

因为是在北京，交通拥堵是常事，所以公司规定早上9点上班。但是张丹呢？尽管公司里就数他住得最远，但是他却每天都第一个到达公司。到了公司之后，他会阅读与工作内容息息相关的很多资料，而且在第一时间对当天的工作做出主次分明、重点突出的安排。有的时候，他还会利用这安安静静的一个小时的时间，提升自己的业务能力，阅读相关的专业书籍。每天一个小时，也许听起来时间并不长，但是日积月累，张丹的进步是大家有目共睹的。

有一次，公司的技术顾问遇到了一个从未见过的难题，即使找了很多专业人士一起讨论，也没有想出问题到底出在哪里。张丹得知情况后，当即联想到自己平日里看到的国外相关事例，很快就解决了问题。除此之外，张丹每天下午下班之后，还会特意抽出半个小时的时间，总结自己一天的工作收获。他很清楚，自己要做到笨鸟先飞，才能弥补不足。就这样，到了公司没几年，张丹就接连得到提升。这次，公司正好缺一个既懂得技术又能够独当一面的副总，张丹顺理成章地得到了这个机会。

每天一个半小时的时间，一个小时用于学习，半个小时用于总结，如此日久月累，张丹的收获并非常人能够与之相比的。生活中，有很多人都梦想着成功，但是他们的梦想往往停留在空想阶段，真正能够像张丹一样把梦想落实到生活和工作的点滴之处的人，少之又少。如果我们也有如此的毅力和韧性，想必我们的人生也会有很大的不同。

或者，你曾经无数次给自己制订过周密的计划，想要真正地从严要求自己。但是你也许有若干次在计划还没有真正实施过一次之前，就把辛辛苦苦、认真斟酌的计划书扔进了垃圾桶。再或者，你只坚持了几次，就开始为自己寻找借口，一拖再拖，最终把呕心沥血制订的计划书变成了一张废纸。还有些人虽然真正坚持下来了，却因为没有在短时间内看到成果，因而急功近利，最终功亏一篑。古人云，“滴水穿石，绳锯木断”。任何伟大的成就，一定需要我们付出加倍的努力，最终才能守得云开见月明。

时间就像海绵里的水，你挤了吗？你坚持挤了吗？

站在巨人的肩膀上，你将无限接近成功

在通往成功的路上，有无数的巨人可供我们顶礼膜拜。他们都有着与众不同的过人之处，他们的优点光彩熠熠，在暗夜中指引人们前进的方向。很多人都知道美国船王范德比尔特的故事。从范德比尔特的身上，仁者见仁，智者见智，而他最突出的地方莫过于超强的人际交往能力。这一点，是值得每一个现代职场人士学习的。

然而，我们的确在读书的时候认识到了这些巨人的优点，但是一旦合上书本，我们还能记得应该如何向他们学习吗？虽然成功的经验不可照搬和复制，但是总能够为我们的实际操作提供宝贵的经验，从而帮助我们更好地面对未来。很多人把对于成功人士的敬仰挂在嘴边上，只是轻描淡写地说几句崇拜地话，就将事情抛之脑后了。事实上，在通往成功的路上，如果你偶然能够踩着前人的脚印前进，就会避免很多白费力气的行为，如此一来，你的成功之路不就变相地走了捷径了吗？和那些在追求成功的过程中就像无头苍蝇一样到处乱撞的人相比，任何清晰的思路和明确的目标，都将带给你巨大的优势。这就像爬山，如果你想看得更远，你就要学会站在山顶的制高点极目远眺。否则，假如你一直在山下，即使耗尽眼力，只怕也只能鼠目寸光。沃尔玛公司的创始人沃尔顿曾经说过，“他所做的每一件事情都是从别人那里学来的”。如今，沃尔玛连锁超市遍布全球各地，不得不说沃尔顿的学习是非常成功的，模仿也会有所成就的。

皮特和刘峰是一起进入公司的，他们当初都是应届大学毕业生，没有任何工作经验。可以说，他们的起点是相同的。然而，短短的三年时间过

去后，如今的皮特已经成为部门主管，而刘峰则成了皮特的下属。对于这样的命运，刘峰说是自己的运气不好，其实他所不知道的是，皮特是站在巨人的肩膀上才如此进步神速的。

刚刚进入公司的时候，皮特和刘峰一样，什么都不懂。但是，皮特很聪明，模仿能力很强。因为是做销售工作，所以皮特每当听到经验丰富的老员工打电话时，就会放下手里的工作，侧耳倾听。了解销售工作的人都知道，要想把销售工作做好，一定要有超强的沟通能力。正是在这样的偷师学艺中，皮特的销售语言掌握得越来越好，运用起来也得心应手。还有段时间，皮特在发展中遇到瓶颈，不知道如何突破自己。那段时间他的业绩很差，而且时常郁郁寡欢，对自己失去了信心。在那个时候，他没有放弃，而是找到当时的主管，和主管畅谈工作心得。主管听完皮特的倾诉，笑着说："你的反应是正常的。人生，是螺旋式上升的，不可能永远直线上升，总要经过一段时间的徘徊和迷惘……"主管还给皮特讲了自己初入销售行业时的很多趣闻轶事，帮助皮特清醒地认知自己的状态，更好地找到出路。

回忆这三年来的工作，皮特一直在踩着巨人的肩膀往上攀登。他很清楚地意识到，自己的经验和前辈相比总是不足的，因而学习是必须长期保持的状态。所以，他总是盯着那些比自己更加优秀的人，从他们身上汲取经验和教训，从而寻找进步的捷径。而刘峰呢？一直埋头苦干，凡事都要倚靠自己慢慢地摸索，因此他就远远地落后于皮特了。

在这个事例中，虽然皮特请教了主管，而且还跟着老员工偷师学艺，其实本质上都是在踩着巨人的肩膀前进。所谓巨人，并非特指那些名垂青史、功成名就的人。生活和工作中，只要是比我们更优秀的人，都可以成为我们进步的阶梯。俗话说，“三人行，必有我师”。即使是普普通通的人，当你看到他的身上有值得你学习的地方，你也应该马上虚心向他学习。所谓虚心使人进步，骄傲使人落后，真是至理名言啊！

现代社会的发展速度非常之快，任何人都不知道在下一秒将会发生怎样的巨变。因而，我们唯一能做的就是做好现在的自己，抓住每一个机会学习，充实自我，这样才能以不变应万变，即使未来发生了什么事情，也可以自身的实力从容面对。从现在开始，就让我们拓宽眼界吧！因为一个人眼界的高低决定着他人生的境界。当你放宽眼界，就会发现世界很大。而作为一只井底之蛙，是永远也不可能看到辽阔高原上的蓝天白云的。尤其是当站在巨人的肩膀上时，你会更加觉得豁然开朗。

纵观古今中外，人类社会之所以能够飞速发展，持续进步，正是因为代代相传的经验，也因为后辈对于前辈不断地模仿和学习。模仿，能够帮助我们最大限度地借鉴前辈的经验；学习，则让我们能够超越前辈，有所创新。在这样的代代传承中，人类就实现了持续的进步。当然，需要注意的是，站在巨人的肩膀上找到成功的捷径，并不意味着我们就要一切照搬巨人的经验。要知道，每个人的情况都是完全不同的，而且时代的变化也改变了整个格局和背景。东施效颦只会使人贻笑大方，唯有秉持取其精华、去其糟粕的精神，我们才能在依葫芦画瓢的基础上，有所创新，形成自己的风格。著名画家齐白石，曾经对他的学生们说，“学我者生，似我者死”。这句话的意思是说，学习他的优点并且发扬光大、最终形成自己的独特风格的学生能够成家，而一味地只知道模仿他、毫无自身特点的学生，最终只会导致无路可走。不仅画画如此，一切的学习都是如此。归根结底，成功的学习，必须是在汲取前人经验的基础上，进行合理的取舍，最终形成自己的风格，并且把自己的风格发扬光大。我们唯有保持自己与众不同的魅力，才能形成属于自己的标签。

面对尴尬，你必须知难而上

很多人以为所谓的优势就是长得漂亮、专业技术过硬、工作能力超强。其实，现代职场上，你要想成为大力金刚，除了要具备前面所说的这些条件之外，还要具备人际交往能力。只有当你也能在人际交往的场合如鱼得水的时候，你才算真正的全能手，才是真正的强者。

提起人际交往，很多人最担心的就是遭遇尴尬。越是在人多的场合，尴尬越是让人承受深刻的难堪。而要想搞好人际关系，就摆脱不了要与人打交道，就难免会有尴尬的情况发生。在这种情况下，我们到底应该怎么做呢？试想一下，如果现场有七八个人，因为一个不合时宜的话题或者一个不那么好笑的笑话，大家突然冷场了，或者其中的某人因为他人无心的一句话受到了伤害，导致整个气氛都像冰冻了一样，又该怎么办呢？最好的办法，就是迎难而上。尴尬无处可躲，那就只能迎难而上。

邂逅尴尬，几乎是每个人都无法避免的事情。对于在钩心斗角的职场艰难生存的人而言，尴尬更是常有的事情。尴尬虽然让人难以面对，但却给了人们机会——迅速沉淀和积累经验。因而，我们首先要从心底里正视尴尬，不要把尴尬看成人际交往中的洪水猛兽，这样我们心里也会更加轻松一些，从而顺其自然地面对尴尬。

作为一名推销员，罗杰每天的工作就是去拜访客户。除了要与老客户维系感情之外，大多数时候罗杰都在拜访陌生的客户，从而努力结识他们，并且将他们发展为自己真正的客户。前段时间，罗杰来到一处高级住宅区正在敲一扇门时，几乎是马上门就被打开了，就当罗杰暗自窃喜这家的主人一定非常热情时，一个打扮精致入时的年轻女性出现在他的眼前。这位女士妆容精致，穿着得体的时装，而且一只胳膊上还挎着一个时髦的手袋，一看就是要出门的样子。罗杰心里不由得紧张起来，他不愿意错过每一个客户。

不等年轻女性提出质疑，他就自报家门："您好，女士，我是美孚日用品公司的。看到您美丽摩登的样子，我真心觉得您一定会对我们公司的产品感兴趣。"女士不以为然地说："哦，我什么也不需要，我马上要出门。"罗杰对于女士直截了当的拒绝显得很尴尬，但是他马上接着说："我想，您只需要五分钟，就能了解我们的产品。如果真的适合您，就会给您的生活带来很大的便利。"女士厌烦地说："你们这些推销员真的很讨厌，不但每天不停地打电话，还总是自以为是。难道，你们真觉得生活离开了你们就会完全瘫痪吗？"罗杰笑着说："当然不会，比如您，即使此前从未使用我们的产品，也依然美丽漂亮。"罗杰的这句恭维，让女士不好意思继续恶言相向，她的面色缓和下来，罗杰抓住机会赶紧说："是这样的，我想像您这样注重形象的高贵女士，一定也需要保护好自己的双手。毕竟，再美丽的妆容也会被手部的苍老出卖。我今天带给您的是一台全自动洗碗机，具有消毒功能。从今以后，您再也不用担心洗洁精伤手啦！"显然，罗杰很了解这些年轻爱美女士的心理。果然，女士突然间表现出浓厚的兴趣。接下里，罗杰开始详细介绍自己的产品，虽然超过了五分钟，女士也完全没有表现出厌烦情绪。

对于进行陌生拜访的推销员而言，最担心的就是怕遭到客户无情的拒绝。任何情况下，被拒绝都是不那么让人愉快的体验，尤其是当你进行了一天的陌生客户拜访，也遭遇过无数次的失败之后，拒绝给你的感觉一定更糟糕。因而，作为推销员，必须学会打破尴尬局面，即使未必能够推销出去商品，至少也让推销变得不那么让人讨厌。

很多时候，尴尬是无意间导致的。有少数时候，尴尬则是人们刻意为之。面对那些故意刁难的人，我们又该怎么做呢？其实，对于他们最好的反驳不是勃然大怒，否则就会显得你气度狭窄。而应顺势而为，甚至承认他们的话，这样才能打破尴尬，并且表现出自己的宽容大度。在《芙蓉镇》杀青的时候，曾经有记者问何润东：“对于你被评选为亚洲第二丑的明星，你有何感想？”对于这个尴尬的问题，当时全场的人都陷入了沉默，等着看何润东做何反应。不承想，何润东笑着说：“这是我的荣幸啊！不过我也很遗憾，因为凭着我这张脸怎么也得当选亚洲第一丑的明星吧，这样也不枉它这么多年来不离不弃地跟随我了，我也终于能弄个亚洲第一。”听完何润东的回答，在场的人们全都笑起来，给予了何润东热烈的掌声，而那个故意刁难他的记者，只得灰溜溜地结束了采访。这样的机智、幽默和风趣，让何润东不但成功化解了尴尬，而且表现出他宽容大度的胸襟，令人心生敬佩。不管是在生活中还是在工作中，面对尴尬，我们都应该坦然应对。唯有如此，尴尬才能不攻自破，消散于无形。

你的价值，决定了你的身价

不管是在生活中，还是在职场上，每个人都希望提高自己的身价，这样才有竞争力，才有话语权，也才能从众多人才中脱颖而出。然而，身价的高低并非取决于我们内心的渴望，更多的时候，我们只有提高自身的价值，才能如愿以偿地抬高自己的身价。可以说，你的价值，决定了你的身价。

如何提升自己的价值呢？在很多人的心目中，自我提升就是去学习，去自修一个更高的学历。其实，提升自我价值并非是如此片面的事。因为人应该全方位发展，而决定我们身价的并非只有学历，因而，我们应该从多方面提升自己，包括学历、知识、内涵，也包括仪表、价值、心态、工作能力和社交能力等。总而言之，自我价值应该符合社会对人才的多元化要求，也应该符合我们自身的情况使其得到长足发展。现实生活中，很多人都以自我为中心，一旦自身价值受到损害，就会抱怨连天——抱怨命运不公，抱怨他人的阴谋诡计，却唯独忘记从自身出发，考虑问题究竟出在哪里，如何才能更好地弥补损失。

现代社会处于知识大爆炸的时代，知识更新的速度之快前所未有。如果在时代的洪流中我们不能保持前进的速度，就会导致自己逆水行舟，不进则退。在这种情况下，每个人都应该养成终生学习的好习惯，唯有如此，我们才能与时俱进。

小薇进入公司已经三年多了，但是最近在公司内部的竞聘中，原本胜券在握的她，却输给了进入公司比她晚一年的夏雨，错失办公室主管的位置。其实，论经验和能力，小薇都不比夏雨差，最重要的是小薇的工作经验更丰富。思来想去，小薇怎么都觉得心有不甘，因而特意找到负责招聘工作的刘总，问清楚了原因。原来，夏雨在进入公司之后，就报名参加了提升学历的自学本科课程，而且是人力资源管理专业，再有一年就毕业了。因而公司领导从长远考虑，觉得夏雨更适合办公室主管的职位。和夏雨相比，小薇的专科学历和文秘专业，则显得逊色了一些。

了解原因之后，小薇不再感到忿忿不平，而是深刻反省自己，觉得自己在学习意识方面较差，没有做到积极主动地提升自我。为此，她痛定思痛，也报名参加了业余本科的学习，专业是财务管理。原来，小薇一直对财务方面的工作很感兴趣，因而她准备在学历提升之后，申请进入财会部门工作，从而给自己更大的发展空间。这件事情更是使小薇深刻意识到，一个人的身价取决于她的价值，而自我价值的提升应从多个方面进行且要与时俱进、持续不断。因而，她决定在未来的工作中，始终保持学习的状态，也要从多方面提升自己的价值，这样才能增加自己在竞争中的筹码。

事例中的小薇，之所以失去了竞争中的优势，就是因为她的学习意识不够强烈，在学习上缺乏主动性。幸好，在知道问题的所在之后，她马上调整心态，积极地投入学习，极力缩短自己与夏雨之间的差距，为下一次的竞争储备能量。

一个人的身价，无疑是他在职场上竞争的筹码。很多大学生自以为学历高，就觉得自己一定能占据竞争的优势，其实不然。现代职场除了讲究学历之外，也会讲究经验、人际交往能力、合作能力等。因而，我们除了像小薇一样保持积极的学习态度之外，还要注意从各个方面提升自己。不可否认的是，现代职场的竞争形势异常激烈，在职场上，同事之间因为利益结成最坚固的同盟，也因为利益瞬间化友为敌，变成处于对立状态的竞争对手关系。因而，我们必须时刻保持理智和清醒，以最佳的状态随时准备与同事之间进行公平的竞争。毫无疑问，你的价值，你的身价，决定了你在职场上参与竞争的筹码。

任何时候，都不要羡慕别人轻而易举地得到了千载难逢的晋升机会。要知道，他们在你看到的光鲜背后，一定付出了你所难以想象的辛苦。任何人得到机会，都离不开自己的努力，因为机会并不会无缘无故地青睐任何人。我们必须保持最大的优势，随时提升自己的价值，提高自己的身价，这样才能在职场上如鱼得水，游刃有余。

你拥有的底牌，决定了你的前程

喜欢打牌的人都知道，底牌是不能轻易亮出来的。因为底牌往往作为杀手锏，可在最后一刻为我们扭转局势——转败为胜。因此，每当抓到好牌，我们都会紧紧地捂着，尽量避免被他人看到。其实，人生也恰如打牌。要想打好人生这副牌，也取决于我们有多少底牌、拥有怎样的底牌。

从心理学的角度来说，人们总是畏惧未知的事物。因而，如果我们从不知道他人的底牌，也就不敢轻易地与他人竞争。只有在了解对方实力的情况下，我们才能做到知己知彼，百战不殆。从这个方面来说，在竞争日益激烈的现代社会，你要是想在竞争中脱颖而出，就必须保存实力。可以说你拥有的底牌，决定了你在人生路上能走多远，也决定了你的前程。

不过，需要注意的是，为了在竞争中脱颖而出，我们还是需要适时亮出自己的实力的，诸如才华、优势等。但是不能和盘托出，因为如果你在竞争中变成了透明人，就会被他人把握，从而牵制你，甚至找到你的致命弱点。这样一来，你当然就会在竞争中占据弱势了。唯有适当地展示自己，再保存实力，握住底牌，我们才能见机行事，占据优势。

从进入公司之后，若男和露露在工作上的表现都差不多。如今，恰逢她们的主管得到晋升，所以上司想考察她们，以便从她们之中提拔一个人当主管。上司更倾向于提拔业绩更占据优势的若男，而且若男平日里和同事们相处得也很和谐。得知这个消息后，若男觉得只要一如既往做好自己的本职工作即可。露露却马上开展行动，主动请缨，向上司申请负责一个大项目。原本，上司还很迟疑，但是露露却再三向领导保证，说自己一定能够把这个项目做好。就这样，上司半信半疑地把项目交给了露露。

接到项目后，露露马上全身心地投入工作，而且发动自己各个方面的关系，把项目做得风生水起，甚至完全超乎上司的预料。从此之后，上司对露露的工作能力有了更加深刻的认识，而且对于露露的态度也发生了极大的转变。毫无疑问，最终上司决定提升露露为部门主管，因为他觉得露露更具备当主管的潜力，而且能在重任之前表现出举重若轻的能力，有大将风范。

原本在上司心目中更占据优势的若男，因为在此之前就亮出了所有的底牌，因而在关键时刻后劲儿乏力，被露露厚积薄发，抢了势头。因此，上司毫无疑问地把职位给了露露，并且也给予了露露更高的评价。在这种情况下，露露根本无须费多少力气，就轻而易举地改变了上司对她的看法，从而顺利得到了晋升的机会。

从露露成功晋升的事例上我们不难看出，在职场上保持神秘感，握有底牌，还是很有必要的。首先，我们一定不能被对手完全看透，否则对方就会看穿我们，从而轻而易举地战胜我们。其次，我们还要在上司面前保持神秘感，留有一些杀手锏，等到关键时刻再使出来，给予上司一个惊喜，从而给他留下深刻的印象。最后，我们还要把握亮出底牌的好机会。如果我们虽然把握着底牌，却没有在关键时刻及时亮出来，那么我们的底牌就失去了战斗力，变得平淡无奇。总而言之，好钢要用在刀刃上。底牌的亮相，既不能太早，也不能太迟。太早起不到震慑的效果，太迟又失去了战斗力。只有在最恰到好处的时刻让底牌亮相，才能出奇制胜，帮助我们一举获胜。

第09章

你还在考虑，别人早已在行动了

在思考与行动之间，总是存在一定的时间差。很多时候，我们还在思考，别人就已经展开行动了。也许别人要冒着因为考虑不周而承担失败的风险，但是我们却因为周密地思考而失去了先机，甚至是彻底失去了机会。如此一来，远远不如毫不迟疑地展开行动更好。虽然做事之前必须思考，但是我们即使考虑得再周全，也不可能做到真正的天衣无缝。在这种情况下，我们应该适当思考，适时展开行动，尽量抓住机遇。

你不可能等到天衣无缝时再行动

在这个残酷的社会中，要想更好地生存，就必须更加充满智慧。不管做任何事情，为了期许得到最好的结果，我们都必须经过慎重地思考，这样才能预先设想好方案，以便随时应对复杂多变的情况。然而，很多时候、很多人都会走向另一个极端，即因为思考过度，最终没有及时展开行动，导致错过最佳的行动时机。由此可见，在思考之后行动，不如在行动中思考。

很多时候，生活就像是一个巨大的坑洞，我们往往走着走着，在不知不觉间就会落入莫名其妙的艰难境地。如果你突然发现自己身边都是凶猛的野兽，又该如何是好呢？在这种情况下，必然没有人能够依然保持清醒和理智，只会遵循本能，做出最直接的反应。当情况危急，一味地思考非但不能帮助人们避免危险的境遇，反而会因为延误时机，导致情况更加糟糕。从另一个角度来说，强者是不需要延长那一点点思考时间的。因为，对他们而言，在陷入艰难、危险的处境之前，他们已经训练自己能够做出最迅速的反应。与此相反，如果是弱者，那么即便想得再多，在真正身入险境时，也会因为盲目、惊讶等导致错失良机。因而，永远不要奢望思考得天衣无缝后再行动，因为不管你怎么思虑周全，事情也不可能按照你的意愿发展。

真正的强者，并不需要准备专门的时间用于思考。相反，他们总是时刻保持着思考的习惯，也始终拥有行动的能力。即便情况千变万化，他们也能在危急之中找到最佳的办法，迅速地做出反应，表现出超强的决断能力。危险总是不期而遇，机会也总是不期而遇。我们必须勇敢地接受每一个充满挑战的机会，才能抓住更多的人生机遇。

人到中年，李杜却因为职业发展遭遇瓶颈，不得不开始准备跳槽。他思来想去，经过多方考察，最终进入一家新公司工作。毫无疑问，李杜是非常勤奋的，因为对于中年人的他很清楚地意识到换工作意味着什么。为此，他在新公司总是勤勤恳恳，不管有什么艰难的工作，都第一时间做到最好。当然，虽然他此前有丰富的工作经验，但是他很低调，从未因为自己经验丰富而做出任何张扬的表现。他总想着要好好打基础，等到时机成熟，再展示自己。

有一天，李杜刚刚进入电梯，就遇到了总经理。总经理看着李杜，说："有个项目有些复杂，我想你也许愿意试一试？"李杜稍微犹豫了一下，就回答说："好的，没问题，我一定会全力以赴把项目做好的。"总经理笑着说："好吧，我晚些时候把项目的相关资料发给你。"

回到办公室，李杜把情况告诉了同事兼好朋友李军。李军有些担忧地说："这个估计不太好办。你是不是什么时候得罪总经理了？他应该会把那个很棘手的项目交给你，这个项目其他的老员工都不太愿意接管。"后来，李杜接到项目资料，发现果然是个很棘手的项目。然而，此刻打退堂鼓显然已经来不及了，为此，他下定决心，排除万难，一定要把项目做好。后来，李杜调动此前积累的很多关系，把项目做得风生水起，从此，在总经理心目中留下了很好的印象。

毫无疑问，当李杜把这个艰难的项目做好，老总对于李杜的印象也就大大好转了。以后，相信只要遇到好的工作机会，老总都会优先想到李杜的。这就是强者的魅力。也许换一个人，面对老总在电梯里偶然交代的工作任务，肯定会表示拒绝，或者说一些谦虚的、推辞的话。然而李杜没有，他很清楚这是一个机会，因此略加思忖就同意了，而且不遗余力地把项目做到了最好。

其实，不管是对于职场新人，还是对于职场老人而言，当你能够帮助老总救火，给老总解决当务之急，那么你一定能够充分表现自己的工作能力。也因为你的出色表现，你会如同坐上火箭一样扶摇直上地晋升。因而，当老总表现出需要你的时候，千万不要再三琢磨。任何情况下，展现实力都比你杞人忧天来得更好。当然，这并非是让大家鲁莽行事。很多强者之所以能够做到在行动中思考，是因为他们平日里已经储备了丰富的相关经验，因而最终心中有所准备。

当机立断，马上展开行动才能做出决断

生活中的很多人都喜欢拖延，殊不知，拖延是一种会带来严重后果的状态。很多人之所以拖延，并非他们不能做或者做不好，而只是不愿意马上展开行动。这就是拖延导致失败的最根本原因，而且这种类型的失败，很多情况下是还没有开始就已经失败了。任何情况下，不开始行动，都不可能有好的结果。你想减肥，但是每天依然吃山珍海味，睡到日晒三竿才起床，你永远也不可能减肥成功；你想超越他人，但是你却仅仅停留在空想阶段，或者至多隔三差五地喊喊口号，而不展开任何行动。你想……你想的事情有很多，但是你从未想过要从此刻开始做起，从现在开始努力。最终，你的一切想法都成了过眼烟云，不留痕迹。

纵观古今中外的那些成功人士，无一不是行动派。他们一旦有好的想法，马上就会付诸行动。即使失败了，也能为自己增长经验，而不会因为空想而留遗憾。如果你也想成功，那么就从此刻开始马上展开行动吧！

唯有脚踏实地地行动，你才能当机立断，展开决断。每一个成功者，不管他们成功的道路是怎样的，都拥有马上展开行动的最佳状态，这也是他们人生中不可或缺的态度，更是每一位成功者的人生特质。拖延是容易成瘾的。举个最简单的例子来说，当你想到一件事情马上去做，你就会一往无前。然而，当你想到一件事情却推三阻四，从不马上展开行动，你很快就会发现自己变得非常犹豫，迟疑不决。因而，每天当你在清晨的微光中睁开眼睛的那一刻，就要告诉自己马上、立刻、坚定不移地去做自己想做的事情。只要坚持下去，日久天长，你必然能养成马上行动的好习惯。

曾经，有心理学家专门在职场上进行过相关的调查。对于为何不能取得成功，大多数人都有共同的感慨，他们都在抱怨时间紧张，不管是精力、财力还是物力都很有限，都无法做出更好的安排。然而，虽然这样的理由听起来千篇一律，貌似有着很强的说服力，但是现实情况却是，这些理由只是借口，根本不是失败的真正原因。大多数人之所以距离成功越来越遥远，就是因为他们在做任何事情的时候都缺乏决断力，都不能马上毫不迟疑地展开行动，都是思想上的巨人、行动上的矮子。

有个少年18岁，他最大的梦想就是考上名牌大学。原本，他还是很有可能实现梦想的，除了英语成绩有些拖后腿之外，其他各科的成绩他都很好。只要他稍微努力一下，把英语成绩提高一些，就能如愿以偿。然而，他很害怕学习英语，他觉得那些枯燥的字母实在是太折磨人了。为此，他选择在高中毕业之后去打工。

和同乡们一起来到遥远的深圳，他进入一家鞋厂工作。经过几年的学习，他已经掌握了制鞋的技术。这时，有位同乡蠢蠢欲动，想要回家开制鞋店，自己当老板，并且邀请他一起创业。然而，他很犹豫地说："开鞋厂需要很多的资本，咱们根本没有这么多的积蓄。就算可以贷款，但是万一失败，岂不是要背负沉重的债务吗？"看到他犹豫不决的样子，同乡独自一人背起行囊回到了家乡，正好赶上政府支持自主创业，因而很快就开业大吉了。虽然经历了很多坎坷和挫折，但是那位同乡最终排除万难，把事业做得风生水起。他呢？依然是个普通的制鞋工人。

后来，年近30岁的他认识了一个美丽的姑娘，但是一想到自己在大城市既没有房子、车子，也没有一份好工作，他退缩了。最终，被他拒绝的姑娘伤心不已，很快就选择了另一个优秀的男人，除了追悔莫及之外，他还能做什么？

在这个事例中，从少年到中年，这个少年对于生活有着美好的憧憬。然而，都因为犹豫不决，他最终错失良机，失败了。其实，如果他哪怕能抓住其中任何一次机会，都可能获得成功。在这种情况下，我们必须当机立断，千万不能眼睁睁地看着机会从我们眼前溜走。

关于行动和拖延，阿莫斯·劳伦斯曾说："只要养成马上行动的好习惯，才能最终站在时代的前列。有些人之所以被时代的潮流远远抛下，就是因为他们总是拖延，因而绝望地落后。"在任何情况下，一旦我们确定目标，就不要继续再站在原地等待机会。只有自己马上展开行动，我们才能披荆斩棘，超越重重磨难，最终赢得更好的未来。不可否认的是，生活中的有些事情做起来的确很困难，然而再难的事情，一旦我们真正切实展开行动，就会觉得困难是可以战胜的。如果我们总是一味地看着眼前的机会悄悄地溜走，不能及时、果断地做出决断，那么我们就会失去好不容易点起的梦想之光。

曾经有成功学家专门研究过成功，发现成功其实贵在坚持。只要你一马当先地去做了，然后持之以恒、坚持不懈，你就可以远远地抛下其他人，遥遥领先。然而，很多人也许能够坚持短暂的时间，但是却不能坚持长久。从现在开始，渴望成功的朋友们，就让我们拒绝拖延，马上行动起来吧！只要你能够坚持下去，就一定会离成功越来越近。

行动，宁抢一秒不停三分

在祝福他人的时候，我们总是张口就说："梦想成真。"的确，如果所有梦想都能如愿以偿地变成现实，这可真是让人高兴啊！然而，现实是很残酷的，即便我们每天都得到"梦想成真"的祝福，也难以改变我们的梦想总是搁浅的现实。梦想是人生的引航灯，有了梦想的指引，人们才能朝着未来大步前进。相比有梦想的人，没有梦想的人的人生总是缺少方向。如果我们总是犹豫不决，总是不能马上把梦想付诸实践，那么梦想就会变成空想。

梦想到现实，还有遥远的路要走。诸如，我们的梦想要想得以实现，首先应该为梦想制定严谨的规划，然后再排除万难，勇往直前。有些人虽然有梦想、有规划，但是却因为一遇到困难就退缩，最终导致距离梦想越来越遥远。大凡成功人士，一定是能够在梦想照进现实的路上，排除万难，勇往直前的。俗话说，"心动不如行动"。任何情况下，心动一万次，也不如脚踏实地地真正行动一次。任何看起来完美无比的梦想，哪怕落实到残缺的现实中，也比镜花水月来得更好。

从机遇的角度说，任何机遇都是转瞬即逝的。为了抓住千载难逢的好机会，我们必须赶快采取行动。因为很多金点子，只有付诸实践才是金点子，否则一旦过时，就会成为不值钱的白日梦。我们必须牢牢记住，天上是不会掉馅儿饼的。只有当机立断展开行动，抓住千载难逢的好机会，才能给予一切梦想实现的机会。退一万步说，哪怕失败了，也能总结经验和教训，使我们距离梦想更近一些。总而言之，成功是没有任何捷径可走的。要想获得成功，我们就必须养成马上展开行动的好习惯，这样才能更加迅速地获取经验，踩着失败的阶梯勇往直前。

有一条小毛虫做了一个梦，在梦中，它攀登上高高的山顶，俯瞰着山底下的美景。因此，它一觉醒来，就开始往山顶爬去，它很想真正爬到山顶，看一看山顶的美景。蝗虫看到小毛虫，问："你这么着急，要去哪里啊？"小毛虫笑着说："我要去山顶看风景！"蝗虫惊讶极了，难以置信地说："你这样慢慢吞吞，猴年马月才能爬到山顶啊？而且，去山顶的路上不是草丛就是溪流，还有很多奇形怪状的石头。山，真的很高很高啊，你根本爬不到顶。"小毛虫坚定不移地说："但是，我只要从现在开始坚持不懈，我相信一定能够爬到山顶。"

小毛虫爬啊爬啊，毫不气馁地蠕动着小小的身躯。它爬着爬着，又遇到了蜣螂，蜣螂好奇地问："嘿，小家伙。你看你满头大汗的，准备去哪里啊?"小毛虫上气不接下气地说："我梦到我去山顶看风景，我真的要去山顶看风景，那里的风景简直太美了！"蜣螂哈哈大笑，不屑一顾地说："我这么强壮，都从来不像你这样自不力量，我劝你还是尽早放弃吧……"小毛虫自顾自地朝前爬去，丝毫不理会蜣螂无情的嘲讽。在往山顶爬的过程中，小毛虫接连遇到了青蛙、蜘蛛、蜜蜂、鼹鼠、野草、小花等。虽然没有任何动物和植物觉得小毛虫真的能够实现梦想，但是小毛虫依然坚定不移地朝着山顶行进。终于，小毛虫感到筋疲力尽了，因而它不得不停下来休息。它为自己建造了一个遮风挡雨的家，蜷缩在家里呼呼大睡起来。正当闻讯赶来的小伙伴们都为小毛虫的离去悲痛不已时，它们却突然惊讶地发现，小毛虫改头换面，变成了一只美丽的蝴蝶。只见它扇动着美丽的翅膀，很快就飞到了山顶。

很久以前，有个年轻人穷困潦倒，食不果腹。走投无路的他一边乞讨，一边每天晚上都虔诚地向上帝祈祷。有的时候，为了表示诚意，他还会特意带上祈祷文，去教堂里坐下来全心全意地祷告。

第一次走入教堂，年轻人就满腔热忱地跪在上帝的雕像前，诚心诚意地说："万能的上帝啊！我一直以来都非常信奉你，也总是想尽办法孝敬你。看在我虔诚的份儿上，请您保佑我中一次彩票吧，我真的是没法儿活了呀！”又一个星期，年轻人再次来到教堂祈祷。他依然满怀真诚地祈求上帝保佑他中彩票，并且许诺一旦中了彩票，就会募捐一部分给教会，用于供奉上帝。然而，一天又一天过去了，上帝依然毫无回应。终于有一天，饥寒交迫的年轻人站在上帝面前，说：“上帝啊，难道你始终对我的祈祷置若罔闻吗？难道我不是您的仁慈和爱之下忠臣的子民吗？为什么你总也不肯让我中一次彩票呢？这到底是为什么啊？！”

年轻人话音刚落，上帝突然站在他的身边，气愤地说：“你凭什么抱怨我。我的确想让你中一次彩票，但是你连一次彩票都没有买过啊！”

在这两个故事中，第一个故事里的小毛虫，是力量非常薄弱的。但是它面对艰难坎坷，却从不气馁，而是坚持不懈地向着山顶爬去，不达目的誓不罢休。直到因为劳累过度才休息，之后化蛹成蝶，它最终实现了自己的梦想，看到了山顶的美丽风景。在第二个故事里，面对无所不能的上帝，毫无疑问年轻人的祈祷是非常真诚的。遗憾的是，他虽然日复一日地祈祷，却从未给过上帝任何机会实现他的梦想。就这样，年轻人轻易地就失去了中彩票的机会，而且因为惹怒了上帝，他很有可能还将继续穷困潦倒下去。

实现梦想，远远不是想想就可以的。从梦想到现实，我们还有漫长的路要走，还需要付出加倍的努力。当你规划好梦想，进而变成自己切实的行动，哪怕进步只有一点点，也必然是可喜的。当然，不可否认的是，实现梦想是一个艰苦卓绝的过程，很难一步到位，一蹴而就。大凡成功人士，在通往成功的路途中无一不经历了漫长的奋斗过程。就像美国总统林肯，在成为美国总统之前，他经历了无数坎坷和挫折，最终才能实现自己的人生梦想。再如大名鼎鼎的好莱坞明星史泰龙，也是在历经坎坷之后，才成为著名影星，打开了人生的新篇章。

很多老司机都知道，在红绿灯前，宁停三分，不抢一秒。然而，在人生的红绿灯前，面对千载难逢的机遇，我们恰恰相反，要宁抢一秒，不停三分。只有当机立断，毫不犹豫，才能抓住机遇，果断地改变自己的命运。

金点子在落实之前，只是空谈

每个人都渴望成功，每个人对于成功的定义也都是不同的。从个性的角度来说，成功也是极具个性的。对于成功，我们既不能盲目追随他人，也不能一味地顺应自己懒惰的本性。真正的智者，会略微拔高自己，让自己努力一下，就能获得梦寐以求的成功。正是在这样追求一次又一次成功的过程中，我们得到了切实的成长。那么，也许有人会说，我有很多充满灵感的创意，我应该很快就能获得成功吧？的确，在信息时代，好的创意能够帮助我们做事情时取得事半功倍的效果。然而，现实情况却是，如果你的金点子始终停留在空想阶段，它很快就会变得一文不值。任何金点子，都必须符合当时的时机，才能真正起到预期的作用。要知道，金点子的有效期是非常短暂的。一旦你错过了金点子的有效期，金点子就变得毫无用处了。既然如此，我们在想出金点子后，一定要马上当机立断，展开行动，为自己的金点子创造更好的条件，使其变为现实。

其实，人们从来不缺乏好创意，遗憾的是很多创意因为从不落实，最终变成了空谈。从另外一个角度来说，正如哲学家所说的理论要和实践相结合。如果好的创意不能与行动结合起来，则行动就会变得乏味，好创意也会渐渐失去灵感，变得枯竭。只有当我们努力把创意变为现实，并且在实现创意的过程中不断地验证自己的情况下，我们的金点子才会越来越层出不穷，也才会越来越完美。由此可以看出，创意和实践是相辅相成的关系。任何人都不可能闭门造车，更不可能在没有实践的情况下创意频现。

相反，在实践中检验真理，在实践中发现各种问题，从而弥补不足，扬长避短，就能使金点子越来越完美，越来越具有可行性。

高中毕业后，作为同乡的小文和小薇都没有考上理想的大学。思来想去，一直喜欢服装设计的小文，跃跃欲试地想开一家服装店，即为客户量身定做服装，提供各种面料和款式，供客户实现最满意的选择。为此，小文报名参加了服装设计培训班，又在学成之后去了南方的一家服装厂，认认真真、踏踏实实的在流水线上工作了一年多。回家之后，小文看到小薇依然待在家里打零工，因而邀请小薇和她一起创业。不承想，小薇犹豫地说："创业是需要资金的。我们并没有多少资金，而且也缺乏经验，万一失败了怎么办呢？！我辛辛苦苦攒了一年多，才积攒了这么点儿积蓄，我可不想冒险。"

小文笑着说："你呀，当初真应该和我一起去学服装设计。你可不知道，如今大城市里特别流行成衣定制。毕竟批量生产的服装很难满足人们对于个性的满足，而且有些人因为体型不是大众化的，所以很难买到合体的衣服。你难道没听说吗？咱们的习大大和彭妈妈都是有专门的服装设计师的！"听了小文的话，小薇有些犹豫了。然后，小文看到小薇好几天没给自己回话，当机立断和另一个朋友凑了点儿钱，租了个小小的门面房，就开始营业了。果然，在大家都已经对成品服装有些厌倦的当下，他们的成衣店因为款式新颖独特，而且做工非常精细，很快就创造了良好的口碑，几乎天天都是顾客盈门。

两年多过去了，小文已经开了第二家分店，事业做得风生水起。小薇呢？依然打着零工，工作没有着落。虽然小薇很后悔当初没有和小文合伙开店，但是这个世界上可没有后悔药可吃。她只能眼睁睁地看着小文买了房子、买了车，俨然是个大老板了。

如果小文没有马上就开始行动，去学习服装设计，去服装厂练习手艺，而是像小薇一样瞻前顾后，那么她永远也不可能成功地拥有属于自己的连锁店。也许，她现在也会像小薇一样在打零工！看着今日不可同日而语的小文，小薇心里必然会百感交集吧。

每个人在生命的旅途中，都会遇到各种各样的机会，也会因为脑中灵光一闪，拥有无数的好创意、金点子。谁说那些能够帮助人们成功的创意不会光顾我们平凡的头脑呢？很多时候，只要你勇敢地把金点子变成现实，哪怕只有几小步，你也会有非同寻常的发现。任何时候，我们都要坚定不移地相信自己，因为只有我们自己才能成就自己。很多时候，成功就在一念之间。当你能够勇敢地面对自己的人生，当你愿意为自己一个偶然的想法去尝试、去奋斗，你就会有意外的惊喜。

对于任何人而言，成功既触手可及，又远在天边。最重要的是，你千万不要错过自己的那些金点子。当你把握住那些千载难逢的好机会，你就会发现成功其实离你很近。有些人临渊羡鱼，有些人则勇敢地尝试和努力。我们与其羡慕别人的成功，不如更好地把握自己的人生，创造属于自己的奇迹。命运总是公平的，千万不要在好机会悄然溜走时浑然不觉。

决断力，是你成功的必要条件

科尔在《最伟大的力量》一书中写道：“那些做事情迟疑不定、没有明确目标的人，是最可怜的人，因为他们总是缺乏主见，也因此而失去了他人的信任。如此一来，他们还谈何成功呢？”毫无疑问，科尔说的很有道理。如果一个人连自己都左右不了，又怎么可能左右得了他人和命运呢？！人生之中，我们难免会遇到很多突发的情况，有的时候也有很多关键的、重要的大事需要我们做出决断。在这种时刻，我们必须勇往直前，才能更加接近成功。否则，一味地犹豫和纠结，只会使原本明朗的态势变得复杂。如此一来，你又怎么可能当机立断，斩钉截铁呢？！

一个人如果优柔寡断，一方面是性格使然，另一方面则是因为他们无法判断事情的结果到底倾向于好还是坏，又或者他们有自知之明，知道自己根本不可能做出正确的判断。在这种情况下，他们往往穷尽一生也依然与成功失之交臂。和他们相比，反而是那些看似“鲁莽”的人，在遇到事情时能够坚决果断地做出决定，最终更容易获得美好的未来。这就像是过河，如果一个人始终站在湍急的河流前犹豫不定，那么他无论如何也无法过河。相反，小马之所以最终能成功过河，是因为它亲自去尝试了。这就是做的魅力，这就是行动的魄力和胆识。

如果你曾经读过很多成功人士的传记，你会发现几乎所有的成功人士都从未有在举棋不定中成功的。他们成功的道路布满坎坷，他们本身也为此吃足了苦头，但是他们从未退缩，更没有犹豫。他们的字典里没有后悔这两个字，更没有畏缩这个词。不管前路是光明还是黑暗，他们知道只有一往无前地前进，才能真正地突破现状，获得更加光明的未来。

尤其是在做出重大决定时，大多数人都觉得事情越是重要，越应该慎重思考。事实恰恰相反，越是在面对重要的抉择时，我们就越应该果断。从某种意义上来说，举棋不定是人性的一个弱点，它常常会使人们错失千载难逢的好机会。而且，当你长期处于这样的状态，也必然损害对自己的信任。试问，一个缺乏自信的人，难道能够做出什么惊天动地的事情来吗？而且，在一旦做出决定之后，还要避免后悔。后悔会使我们陷入彷徨的状态，最终使我们失去明智的判断力。任何情况下，成竹在胸都是一种气势和魄力，也能够最大限度地增强我们的自信。

很久以前，有个渔民驾驶小船出海打渔。他已经十几天都没有打到鱼了，家里连一粒米都没有，孩子们饿得哇哇直哭。渔民努力地摇着船桨，向深海驶去。他暗暗地告诉自己：“今天，我一定要打到很多鱼，给孩子们煮一锅鲜美的鱼汤。”正当他这么想着，突然看到前方的海面上冒出了很多气泡。他猛然想起父亲的话：“假如海面上有很多气泡，就意味着气泡下方的海水里有鱼群。”他心中激动不已，赶紧拿起渔网准备撒出去。然而，他突然停下手里的动作，心中砰砰直跳：“万一下面根本没有鱼，我岂不是白忙活了吗？”这样想着，他手头慢下来。为了弄清楚海里到底有没有鱼，他决定潜水下去看个究竟，这样也能探查鱼群的准确方位。

思来想去，他脱掉外衣，跳进海里。当潜入海底时，他惊喜地发现的确有个鱼群正在海底畅游。这下子他踏实了，赶紧爬到船上，拿起渔网撒下去。然而，等到他收网时，却感到网很轻，网是空的。这是为什么呢？原来，在他冒险潜入海底去探查鱼群时，鱼群受到惊吓，早就已经游走了。而且，海流的情况随时在发生变化，鱼群根本不可能在原地等他。渔民沮丧地再次空手而归，不得不去当铺当掉了自己的外套，才给孩子带回家一块儿黑面包果腹。

对于这个命运悲惨的渔民而言，原本孩子们是可以喝上鲜美的鱼汤的，现在却因为他的犹豫和纠结，最终与鱼群失之交臂。其实，在人生中的很多时候，我们都面临着这样的情况。该当机立断时又有些犹豫；在犹豫纠结的时候，又与机会失之交臂。其实，马上展开行动并没有什么可怕的，因为没有成功的机会就没有失败可言，即使勇敢果决地做出决断却失败了，也远远比一无所获更好。

没有人的成功是一蹴而就的，大多数人的成功都是建立在失败的基础之上，一次又一次的失败，帮助人们积累经验，搭建阶梯，最终才能帮助人们更加接近于成功。看看那些历史上干出惊天动地大事的伟人们吧，他们从未等到万无一失时才展开行动，更不曾在突发事件来临时深思熟虑。与其坐以待毙，不如边做、边学、边领悟，这样才能当机立断，抓住机会。

迟疑与草率，全在你的一念之间

在人生的道路上，我们总是面临各种各样的抉择。一旦迟疑，就会错失机会；一旦草率，又会因为思虑不周导致遭遇惨败。那么，我们到底应该怎么做，才能把握好这一次又一次的抉择呢？！也许，我们觉得自己这次的选择完美无瑕，最终却因为一个不起眼的细节导致全盘皆输；也许，我们因为一次不够完美的抉择而懊悔不已，但是最终的结果却并非让人沮丧。相比较一次又一次的失败，我们只有更加珍惜拥有的经验，才能不断提升自己。永远不要说："假如我……"这句话对于你此刻的成功或者失败而言，都是毫无意义的。

很多事情的选择，就在一瞬间。因而，永远不要奢望事情发生时会给你充足的时间权衡利弊，进行充分的思考。大多数情况下，你只有靠直觉做出判断，才能不耽误宝贵的时间。而迟疑与草率，其实都在你本能的抉择之间。因而，我们在日常生活中必须多多锻炼自己的抉择能力。只有把握好迟疑与草率的度，我们才能做出明智的决定。就像是一个老司机开车一样，在危急时刻的反应都是本能的反应，根本没有时间思考。当你的思维也进入本能反应阶段，你会发现一切都太美妙了，水到渠成。

正是因为决定的艰难，所以很多人都恐惧做出决定。因为对于任何人而言，决定都意味着冒险。在事情的结果没有确定之前，我们的任何决定都无法保证万无一失，我们既有可能大获成功，也有可能面临惨败。也许有人会说，既然这样，不如掷铜板吧！其实不然。掷铜板，完全是随机的，没有任何思考的成分，代表着听天由命。而只有主动经过思考之后做出的决定，哪怕仅凭直觉，也比听天由命要好，至少锻炼了我们超强的思维能力，为我们下一次的成功打下基础。

很多人都羡慕果决的处事方式，坚定且毫不迟疑。其实，只要目标明确，做决定还是很简单的事情。例如，你只要朝着自己的目标努力，一切就都能迎刃而解。由此可见，要想帮助自己变得坚定不移，就要明确目标。相反，那些目标模糊不清的朋友们，也应该从此刻开始反思自身，从而确定自己未来的人生之路，然后毫不迟疑地走下去。只要目标明确了，做决定并不复杂。

一直以来，小娜最大的梦想就是在这个城市安家落户。为此，她和爱人这10年来始终省吃俭用，勤奋工作，终于攒够了50万元的首付款，开始寻找二手房。其实，谁不想买新房呢？！但是，新房位置偏远，价格也比二手房高。思来想去，小娜和老公决定就买二手房。

有段时间，小娜在网上联系了一个着急卖房的房主。据说，这个房主是因为要出国，所以才卖房的。因而只要付款快，房主答应价格可以商量。王女士感到很高兴，甚至心潮澎湃起来。她当即拿出电话给房主打电话，房主约她次日中午去看房。次日中午，小娜和老公兴冲冲地赶去看房，果然，房子各个方面的条件都很好，完全符合小娜和老公对于房子的一切要求。最重要的是，这个房子还是临街的，采光好、无遮挡。也许很多大城市的居民喜欢安静，但是小娜老家的人们买房子更喜欢临街，说是比较敞亮。后来，小娜把要买房的事情和父母说了，父母也当即张罗着来给她们把关。当小娜又与房主约看房时间时，房主再次把时间约到了中午，还说中午阳光好。小娜没有多想，就同意了。果不其然，小娜的父母也看中了那套房子，还当即表示赞助他们几万元钱买房。就这样，小娜迫不及待地与房主签订了购房合同，着手办理购房手续。手续进展很顺利，这个房主还特意托了银行的朋友，加快了小娜的贷款手续。一个月之后，小娜就与老公搬到了新家。

让小娜万万想不到的是，当晚9点多，正当小娜一家洗漱之后准备休息时，楼下突然响起了震耳欲聋的音乐声。小娜和老公还以为是哪家邻居在放音乐当即冲到楼下，然而，让他们大跌眼镜的是，楼下的地下室被人租借后开了家没有牌照的歌舞厅，只能等到深夜开张，到第二天凌晨才结束营业。整整一夜，小娜一家几乎都没合眼。事已至此，还能怎么办呢？后来，小娜才知道，原来附近的邻居都搬走了，现在住着的，不是租户，就是日租房客，环境吵杂，特别乱。还有的人家其他地方有房子的，干脆就把房子空着，一年半载的也不来过一夜。事到如今，小娜后悔也已经晚了。她只能张罗着卖房子，每天都带着黑眼圈去上班。

在这个事例中，小娜夫妻买房的事情无疑有些太过草率了。对于任何人而言，买房都是大事，尤其是不能贪便宜。不管房主是要出国还是有其他原因处理房产，都不会无缘无故地把房价便宜太多出售的。在这种情况下，我们必须打听清楚二手房的相关信息，也要向周边的邻居进行了解后，才能慎重地做出决定。当然，也许小娜是因为担心拖得时间太长，房子的价格会有变动，或者索性卖给其他人。这么考虑也是有道理的，因而小娜没有迟疑。然而，最终的结果却不尽如人意。

生活之中，在迟疑和草率之间，我们一定要做出适度的衡量，才能在最终寻求平衡，既不过于思虑，也不过于草率，保证自己做出的决定是倾向于正确的。尤其是对于生活中的很多大事，当机立断是必要的，考虑周全也是必要的。我们要根据事情的实际情况进行衡量，才能最大限度地保障自身的权益。

第10章

攀登峰顶，不做守在山脚仰望的人

如果你仰望山峰，永远踟蹰不前，那你就不会有机会欣赏山顶的美妙风景。虽然往山顶攀登的过程充满坎坷和艰辛，甚至会有伤害，但是只要你勇敢地迈开第一步，你会发现映入你眼帘的全都是风景。哪怕你会失败，也远远比永远守在山脚下仰望要好。毕竟，只有看得见的风景才能真正在你心中生根，你的生命也才会因为这独特的感悟变得与众不同。面对峰顶，我们必须勇敢前行，而不要犹豫不决，止步不前。

登高远眺，你才知道世界如此美妙

对于遥不可及的山顶，很多人也许会说根本没什么美妙的景色。然而，现实的情况却是，你尽可以选择在山脚徘徊，山顶的景色却不会因为你的姗姗来迟有任何改变。很多人都曾幻想着一步登天，殊不知，在这个世界上根本没有无缘无故地掉馅儿饼的好事情。任何情况下，你要想有所收获，就必须非常努力。也许付出未必会有收获，但是不付出就不会有任何收获。千万不要做白日梦，从现在就开始努力吧！

很多人终其一生都迷迷糊糊，根本不知道人生的每一步都需要努力地付出。他们总以为命运自有安排，总以为这一切都会过去，阳光终究会洒满人间。殊不知，命运是很公平的，它从不会无缘无故地眷顾任何人，更不会因为某种原因而失去原则。尽管你很可怜，但是命运不会偏袒你。当你在困难面前犹豫不决、迟疑不定时，你如果不能做到勇往直前，就注定会失败。

作为有钱人家的孩子，琳琳此前的生活简直是娇生惯养——衣来伸手、饭来张口。然而，后来因为她的父亲做生意失败了，她们家突然没落了，不但没有了钱，还变得负债累累。对于生活上优越惯了的琳琳，觉得太失落了。在同学们面前，她不再是那个高傲的公主，而是变得沉默不堪。就这样，琳琳在班级里就像是一个隐形人，再也没有了人前人后的风光，学习成绩也随着家道中落变得一落千丈。

有段时间，琳琳非常沉沦，常常和社会上那些上不三不四的青年交往。半年之后，她的学习成绩急速下降，甚至连考普通大学都很难了。在高考发榜之际，看着大专录取通知书，琳琳懊悔不已。直到此时，她才明白自己糊里糊涂的行为，给这个家带来了更大的灾难。从此之后，她不再怀念之前那样奢侈的生活，而是踏踏实实地参加高三复读班，准备从头再来。因为基础好，再加上琳琳废寝忘食地复习功课，终于在第二年参加高考时，她考入了一所不错的大学。虽然这所大学和琳琳梦寐以求的清华大学还是有所差距的，但是她决定先去读大学，勤工俭学供养自己，然后再找机会考研、考博，继续深造。就这样，琳琳自读大学开始，再也没有用过家里的钱。她很清楚地知道，她能行！

在之后的几年里，琳琳大学毕业后又考了公费的研究生，从此学业步入了新天地。她的学识越来越渊博，最终进入中科院成为了一名科研专家。看到琳琳的转变，她的爸爸和妈妈都感到非常欣慰。

古人云，“由俭入奢易，由奢入俭难”。任何情况下，我们从奢华的生活进入勤俭的生活，必然会有很大的不适应。在这种情况下，我们是放任自己随波逐流，还是努力地改变自己，让自己顺应新的生活，从而努力奋进，脚踏实地地面对生活？当然，前者只会使你沉沦，后者才能让你脚踏实地地展开新生活，最终获得自己满意的人生。

就像上述事例中的琳琳，她原本凭着父母有钱有势过着优越的生活，在家道中落之后，必然面对巨大的生活落差，一时之间难以调整自己，因而只好努力改变。虽然也沉沦过，也放任过，但是她最终还是端正态度，凭借自己的努力实现了精彩的人生。不可否认，每个人在人生之中都是有高潮有低谷的。面对失意的生活，我们必须及时调整自己，才能顺应生活的潮流；做出及时的调整，从而帮助自己渡过难关，勇往直前。

记住，当你强迫自己不断地向上，向上，再向上，你就能赢得命运的转机，也就能够如愿以偿地成为命运的主宰。任何情况下，只有攀登山顶，你才能领略山顶的美妙和雄伟壮阔！

你是自己命运的主人，要学会掌控自己

生活中，有很多人都会抱怨命运不公。殊不知，命运是掌握在每个人自己手中的。我们与其抱怨命运，不如把抱怨的时间用来积极地改变自己，改变命运。因为抱怨从来都只会起到负面的作用，根本不可能积极地改变什么。所以，从现在开始就进入命运主人公的角色吧，当你真正去做了，你就会发现你能够掌控自己的命运，成为自己命运的主宰。这其实并不难，有心人很容易就能实现。

不乏有人将命运的希望寄托在他人身上，这样的人往往缺乏自信，觉得凭借自己的力量很难掌控命运，因而看到能力强的人，就倾向于当成他人的附属品。其实，除了自己，没有任何人能够成为我们真正的倚靠。诚然，命运并非总是公平的。和那些一出生就拥有金钱和权势的富二代、官二代相比，我们作为普通百姓的子女，自然起点低了很多。但是，出生的状态并不能决定什么，从长远的人生来看，这只能代表一时的优势。任何情况下，我们必须尽量改变自己的心态，积极勇敢地与命运搏斗，才能彻底扭转局势，把握命运。

也许有人会说，生活给予人们的打击很多情况下是致命的。没错，这些打击的确是致命的，然而，再大的打击也不能彻底击垮和毁灭一个人。你可能会暂时觉得疲惫不堪，但是你终将会勇敢地站起来，与命运展开博弈。当你的心像向阳花一样向着太阳追随阳光，你的命运也会变得更加平顺。很多时候我们以为难以度过的命运之坎，实际上只是一个小小的难关。只要你大踏步地迈过去，一切就都不在话下。退一万步来说，即使困

难真的很强大，不也正从另一方面锻炼了你超强的能力吗？任何事情都是有利也有弊的，只要你怀着积极乐观的心态面对生活，就永远不会被生活中的困难打倒。

当小小年纪的巴雷尼因病致残，最难受的就数他的母亲了。然而，他的母亲知道应该给予孩子鼓励和信心，而不是绝望的眼泪。所以，他的母亲强忍内心的悲伤，对躺在病床上的巴雷尼说："好孩子，妈妈相信你一定能够战胜现在的困难，勇敢地面对未来。好孩子，你能向妈妈保证能做到这一点吗？"听了母亲的话，巴雷尼心里难受极了，他扑进母亲的怀抱，失声痛哭。从此之后，在母亲的坚持下，巴雷尼几乎每天都抽出很多时间练习走路，还经常做体操。虽然他累得气喘吁吁，满头大汗，但是从未叫过苦，更未叫过累。

有一次，母亲因为劳累过度，患了重感冒。为了给巴雷尼起到示范作用，她依然咬紧牙关，陪着巴雷尼一起锻炼走路。看着母亲的额头上豆大的汗珠滴落下来，巴雷尼心中感动极了。就这样，他们母子二人一起坚持着完成当天的训练任务才开始休息。毫无疑问，巴雷尼因为身体的残疾，导致行动很不方便。但是，他始终牢记母亲的话并坚持锻炼。最终，巴雷尼不但以优异的成绩考入了大学，还在医学研究的道路上越走越远，最终获得了诺贝尔生理学和医学奖，为全人类做出了杰出的贡献。

走钢丝非常惊险，看过表演的人都会心有余悸。然而，安吉尔不但能走钢丝，还是用假腿走钢丝的世界第一人。看着她娴熟的表演，人们一定无法想象，她曾经因病做过4次手术，并且失去了右腿膝盖以下的部分。

安吉尔是在1987年8月的脚踝检查中发现自己患了癌症的。为了保住性命，她不得不选择截肢。在手术后4个月，她就开始利用假肢完成走钢丝项目。然而，后来她又被发现癌细胞已经转移到肺部，她不得不再次手术，切除了全部左肺和右肺的一半。这种残酷的疾病依然没有让她屈服，她在做手术一年后又开始练习走钢丝。经过艰苦的练习，她又能够独立走钢丝了。然而，厄运并没有放过她，最终她的癌细胞全身扩散，再也无药可治。面对如此沉重的打击，面对即将逝去的生命，安吉尔非常平静地接受了：“好吧，我不需要再接受治疗了。只要一息尚存，我就要让我的生命发光、发热。”从此之后，她不再进行任何治疗，而是专心地在杂技舞台上绽放自己的光芒。在安吉尔心中，她留给孩子的精神，就是勇敢和永不放弃生命。

不管是巴雷尼，还是安吉尔，他们都是命运的强者。在命运面前，虽然他们饱受折磨，甚至安吉尔面对即将逝去生命的残忍打击，也依然从未放弃对生命光芒的绽放。巴雷尼以残疾的身躯，最终为整个人类做出了巨大的贡献；安吉尔，虽然放弃了治疗，却并不曾放弃生命。实际上，在生死面前，还有什么事情是了不起的大事呢？！想到这一点，我们就应该感到释然了。

一直以来，我们都被教育着要永不放弃。实际上，有的时候放弃也是一种宽容豁达。就像安吉尔，面对命运的无情捉弄，她能够释然。这样的“放弃”，实际上是一种不放弃，是心胸开阔的表现。任何时候，我们都不能被动地接受命运的摆弄，而要勇敢地接受命运的馈赠，不管是让人高兴的事，还是让人烦恼的事，都勇敢面对。古人云，“兵来将挡，水来土掩”，只有从容应对生命中的任何事情，我们才能更加豁达。

把简单的事情做到极致，就是成功

在感动中国人物的颁奖典礼上，我们听到和看到了很多感动人的事情。纵观这些感动中国人物的事例，我们不难得出一个结论——大凡成功，都是把简单的事情做到极致。那些让人感动的事情，有很多都是把不起眼儿的小事持之以恒地做下去，做到极致，最终取得了非凡的效果。关于人生，很多平凡的人都有着不平凡的设想。哪怕是命运再怎么不济，人们也会对未来充满憧憬。然而，成功与失败之间，往往区别于持之以恒。

俗语说，“一个人做一件好事并不难，难的是一辈子做好事”。即使是一件再怎么微不足道的事情，只要坚持不懈地去做，也能够惊天动地。例如，有个邮差几十年如一日，每天都走几十里山路，给大山里的居民送信，成为大山和外界的沟通信使；还有的民办老师，多年来拿着微薄的薪水，却始终对孩子们不离不弃。人的一生，说起来很漫长，却也非常短暂。在短暂的生命中，我们是努力做好一件事，还是三心二意，总是这山望着那山高呢？相信聪明人心里定有答案。

作为宋代著名的文学家，范仲淹自幼失去父亲，家境非常贫寒。眼看着儿子就要食不果腹，母亲带着范仲淹改嫁到朱家，从而确保儿子不会被饿死。直到十几岁时，范仲淹才知道自己的父亲早已去世，朱家也不是他的家。为此，他再也不要姓朱了，坚持要改回范姓。为此，继父对他意见很大，最终导致范仲淹不得不离家出走，住进了寺庙的僧房里。在寺庙里，日子非常贫寒，而十几岁的范仲淹饭量很大，即便每顿吃一大碗饭，也很快就会饿得前心贴后背。长期以来的饥饿，让范仲淹根本无法全心全意地学习。思来想去，他想出了一个好办法。他每天清晨起床就煮好一锅黏稠的米粥，等到凉了之后，他再把一锅米粥切成四块儿，每天早晚各吃两块儿。早晨，范仲淹就着咸菜三口两口吞下米粥块儿之后，就开始专心致志地读书。等到傍晚来临时，才再吃剩下的两块儿粥。

正是这段时间的学习，范仲淹饱览群书，不但从书中学到了很多知识，也增长了很多见识，明白了很多道理。为了求学，他千里迢迢地来到如今的河南商丘求学，跟随著名的学者戚同文学习。起初，范仲淹还能一天吃上两顿稀粥，后来经济方面日渐拮据，连稀粥都吃不起了，只能每天只吃一顿饭，而且还很简单。即便如此，范仲淹依然全心投入学习之中，从未为饿肚子的事情影响学习。他不但为自己制订了严格的学习计划，而且严格遵守学习计划的安排，从未因为劳累和疲倦影响学习。有时为了驱赶困倦，他还会用刺骨的凉水洗脸。就这样，范仲淹数十年如一日，坚苦卓绝，最终刻苦学成，成为一代名家。

从范仲淹成功的经历中我们不难看出，成功就是排除万难，坚持不懈。其实范仲淹在成功的历程中只做了一件事情，那就是坚持。他把坚持做到了极致，不管生活多么艰难，他始终没有放弃努力，始终坚持读书，持之以恒。最终，他才能改变命运，获得成功。

虽然我们不是范仲淹，也可能无缘成为政治家、文学家，但是我们普通人的人生也应该有属于自己的成功。任何情况下，我们必须坚持做好每一件小事，尤其是做好对于自己的人生有帮助、有益处的事情。

大名鼎鼎的爱因斯坦曾经出任荷兰莱顿大学的特邀教授，他给学生们上的第一堂课，就是以“成功的秘诀”为主题的。当时，学生们听说爱因斯坦教授要说成功的秘诀，全都瞪大眼睛、目不转睛地看着他。只见爱因斯坦拿着盒子走上讲坛，沉默着打开盒子，从里面拿出很多骨牌堆叠起来。他不停地往高处堆骨牌，直到堆了20多层，骨牌才轰然倒塌。但是他毫不气馁，也不沮丧，而是继续捡起骨牌，默不作声地继续堆叠骨牌。如此反复，倒了再堆，堆了再倒，四五次之后，坐在下面的学生们开始不安地躁动起来。爱因斯坦不为所动，依然重复着此前的做法。直到30分钟之后，有些学生开始离席，愤然离去，有的学生主动走上讲台，帮爱因斯坦一起堆叠骨牌。渐渐地，他们发现大概40枚骨牌堆叠到一起时，就会轰然倒塌，根本不可能把50枚骨牌都堆叠到一起。直到最后，只有一名学生依然不离不弃，站在讲台旁帮助爱因斯坦堆叠骨牌。

直到一个多小时之后，这个学生终于成功地把所有的50枚骨牌堆叠起来了。爱因斯坦兴奋地祝贺他说：“恭喜你，你成功了。可以说说你现在的想法吗？”这位学生略加思索后笑着说：“每次堆叠，都有新的发现和收获。”原来，他在堆叠的过程中，发现有一小部分骨牌是有磁性的，能够彼此吸引，增加稳固性。为此，他细心地把这些有磁性的骨牌堆在下面作为基础，然后再把那些不带磁性的骨牌堆在上面。等到骨牌再次轰然倒塌时，他又发现骨牌的轻重不一，有些骨牌很轻，有些骨牌则比较重。为此，他再把重些的骨牌放在下面。如此经过若干次的尝试之后，他终于成功地把所有的骨牌都堆叠起来了。听到学生的分享，爱因斯坦欣慰地说：“成功就是发现问题、解决问题，而且不断重复的过程。必须有足够的耐心，把简单的事情做到极致，我们才能得到成功的青睐。”后来，这位学生凭着坚韧不拔的毅力，最终学有所成，成为爱因斯坦的同事，与爱因斯坦携手并肩，一起在科学的道路上越走越远。他，就是惠勒。

从惠勒堆叠骨牌，我们不难看出，他在爱因斯坦的指导下悟出了成功的秘诀。的确，任何成功都与坚持分不开关系。可以说，任何成功，不管是惊天动地的大成功，还是微不足道的小成功，都必须持之以恒，才能以量变引起质变，最终得到成功的机会和可能性。否则，如果你一次都不曾尝试，或者即使尝试了也是浅尝辄止，那么你永远都与成功无缘。

朋友们，成功的秘诀如此简单，你们赶快行动起来吧！

成为自己真正的主人，你才能找到位置

很多人都把命运归结于反复无常，实际上，命运从不会反复无常，只是太波折。就像我们驾驶着小船行驶在茫茫大海上，随时随地都需要及时调整方向，面对不期而遇的风雨。在狂风大作、暴雨如注的恶劣环境中，总有些小船会失去方向，不得不随波逐流。而真正强大的掌舵人，任何情况下都不会无缘无故地弃船而逃，相反，他们会非常努力地改变自己的命

运，永远也不向命运屈服。人生也是如此。任何时候，我们都必须努力成为命运的主人，为命运掌舵，才能掌控自己的人生。

有人说性格决定命运，有人说心态决定命运。归根结底，性格是受心态影响的，心态对性格起到很大的决定作用。因而，我们必须调整好心态，才能控制情绪，从而做到更好地掌控人生。不失控的人生，才能在我们的能力范围内，才能顺从我们的心意，朝着我们期望的方向发展。

关于心态的重要性，曾经有成功人士将其与生命的关系，比喻为坐骑和骑手的关系。能够把握心态的人，是命运的骑手；而被命运捉弄，无法调整好心态的人，则是命运的“坐骑”。这个比喻非常形象，让我们轻而易举就能知道心态不好的严重后果。对于心态，佛家认为，“一切烦恼皆由心生”。由此可见，我们的人生很大程度上取决于我们拥有怎样的心态。虽然拥有好心态是一件说起来很简单的事情，但是其实调整好心态并非是件容易的事情。只要拥有从容、豁达的心态，只有更好地面对人生中的一切风雨，我们才能做好自己。

既然客观事物是不容易改变的，就让我们从现在开始努力拥有好心态吧！当你的心中阳光明媚，你看到的世界也将会是明朗的；当你的心中阴云密布，你眼中的世界也会随之黯然失色。很多人羡慕他人充满生活的智慧，其实大凡有大智慧的人，一定是有着豁达宽容心境的人，是拥有乐观心态的人。

作为美国大名鼎鼎的传奇教练，伍登曾经在美国12届的篮球年赛中，夺得了10次全国总冠军。这在美国历史上都是从未有过的，因而大家一致认可伍登对工作尽心尽职，对于他所创造的辉煌成就，人们更是表现出认可和诚挚的赞许。曾经有记者采访伍登的时候问：“请问，作为一名职业教练，您是如何做到始终乐观向上的？”伍登笑着说：“每天晚上睡觉前，我都会精神百倍地告诉自己，我今天很棒，我明天会更棒！”记者难以置信，再次问道：“就这么简单？”伍登笑着说：“是啊，就这么简单。”记者又问：“这么简单吗？”伍登神秘莫测地说：“简单吗？如果你能把这句话重复20年，并且坚持去做，那么你也能够成功。否则，就算你说得再好，也是没有用处的。”

作为大名鼎鼎的教练，伍登的心态无疑保持得非常好。他不但对于篮球事业有着超乎寻常的执着，在生活的其他细节方面也非常执着。有一次，伍登与朋友一起开车去市中心办事情，因为拥堵了很长时间，朋友一直怨声载道，伍登却很高兴地说：“这里可真热闹，真繁华啊！”朋友质疑地问：“你真的这样认为？”伍登坦然回答：“当然啊！我喜欢接受生活中的一切事情。不管是高兴还是悲伤，只要我保持积极乐观的心态，我就能够从容应对这些事情，从而更大限度地发挥自己的能力和能量。”

在最初陪伴丈夫来到沙漠里时，赛尔玛心情非常郁闷。尤其是当丈夫接到命令去沙漠深处演习时，她一个人待在部队分配的小铁皮屋子里，更加觉得寂寞难耐，再加上让她很难适应的潮湿与闷热的环境，简直就如同在火笼子里生活一样。即使是在仙人掌的荫凉儿下，也依然觉得炙热逼人。当地很少有会说英语的人，不管是印第安人还是墨西哥人说的话，她都完全听不懂。有的时候，她觉得自己仿佛置身于孤岛之中，备受寂寞的煎熬。她感到太苦闷了，因而写信给父母亲说，准备放弃一切，丢下丈夫，回到熟悉的家乡。出乎她的意料，父亲的回信简单至极，其中有一句话深深地打动了她——两个人一起从铁窗往外看，一个人看到了满天星辰，另一个人却只看到脏兮兮的泥土。读完这封信，赛尔玛觉得很惭愧。她当即下定决心，要抛开泥土，看到星星。从此之后，她努力研习关于沙漠的知识，了解沙漠里各种奇特的动植物，也渐渐地习惯了沙漠里的风土人情。她甚至还学会了印第安和墨西哥语，她所做的一切都是为了能真正融入到沙漠中的生活。果然，在经过长久的努力之后，她居然成为了世界上大名鼎鼎的沙漠问题专家。

伍登的事例告诉我们，任何人要想获得成功，要想主宰自己的命运，首先要学会保持积极的心态；赛尔玛的事例告诉我们，即使在黄沙遍地的地方，头顶依然有星辰可以仰望。从这两个人的事例我们不难看出，很多情况下决定我们人生命运的是心态。当心态不同，我们所看到的世界也会产生相应的变化。

辩证唯物主义告诉我们，任何事情都没有绝对的对错之分。大多数情况下，我们对于事物的判断应该避免偏颇，否则就会导致极端主义的出现。在第二个事例中，赛尔玛之所以那么苦闷，就是因为刚刚到达沙漠生活时不能很好地适应，因而甚至要抛下丈夫独自回到家乡。后来，她父亲的话一语惊醒梦中人，使她意识到这一切并非不可改变，只要调整好心态，整个世界都会变得与众不同。因而，她不再自哀自怨，而是积极地融入到沙漠中的生活，努力探索对她而言曾经完全陌生的沙漠。果然，她发现了崭新的天地，从而进入了人生的新境界。

任何时候，任何情况下，我们都应该怀着积极的心态对待生活。好的心态，能够帮助我们更加喜悦地接纳生活，从而做到从容淡定。否则，如果你始终焦虑，一遇到事情就无法保持冷静与理智，甚至因此而使事情变得更加糟糕，就得不偿失了。很多人都渴望得到成功，殊不知，要想成功，不但需要坚持还要付出极大的努力，更需要有好的心态，以帮助我们面对失败和挫折时不绝望、不沮丧，永不放弃。

道路尽头的风景，坚持到最后才能欣赏到

常言道，“人生犹如逆水行舟，不进则退”。这句话非常形象地为我们揭示了一个真理，即人生就像洪流，带着人们滚滚向前。如果有人在洪流中停下脚步，那么很快就会被其甩在后面。这也就注定了我们在人生之

中的任何时候，都要保持努力进步的姿态，否则就会退步。举个形象的例子，假如你此时此刻置身于静止的车流中，那么在车流未动之前，你并不觉得孤单。然而一旦车流看到绿灯开始通行后，你却依然保持原地不动，那么你就会被无数的车辆超越，远远地落在后面。不进则退，说的正是这个道理。

不可否认，人生路上充满了坎坷和挫折。很多人在面对人生的磨难时，曾经不止一次地想到要放弃。然而，放弃只会让你的人生之路戛然而止，再次重新开辟道路，也未必能够一帆风顺。明智的人从不会轻易放弃，他们知道最美的风景在山顶，笑到最后的人才是笑得最好的人，也知道只有走到路的尽头，才能看到最期待的风景。因而，他们不管遇到多大的困难，始终埋头苦干，从不轻言放弃。最终，他们获得了成功，实现了自己的梦想，也得到了最好的未来。

在美丽的乡村，夏日的午后一片静谧。鸭妈妈的身底下有了5只毛茸茸的生命在蠕动，其中有4只都是嫩黄色的小鸭子，只有1只小鸭子与众不同，长着白乎乎的大脑袋，看起来显得非常丑陋。而且，这只丑小鸭的叫声也很奇怪，不像其他小鸭子那样细弱，而是非常难听且粗糙的。就连鸭爸爸也嫌弃地说："上帝啊，它的声音可真难听，一点儿也不可爱。它为什么会是这样的呢？"听到鸭爸爸的话，4只黄小鸭围着丑小鸭嚣张地喊道："啊，它真是太丑啦，太丑啦！"说完，它们就跟在摇摇摆摆的鸭妈妈身后去游泳了，只剩下可怜的丑小鸭暗自啜泣。

丑小鸭四处走走看看，很快来到灌木丛里的鸟窝旁。它很冷，想要钻进鸟窝暖和暖和，但是小鸟们毫不客气地说："你的声音太难听啦，难道你妈妈没有教会你怎么唱歌吗？"丑小鸭伤心地说："我妈妈讨厌我！"这时，恰巧外出觅食的鸟妈妈回来了，她看到丑小鸭马上扑上去扑打它，丑小鸭吓得赶紧钻进灌木丛中，伤心地哭泣起来。

它一个人孤独地生活着，很久之后的某一天，突然听到从湖面上传来和自己一样的叫声。它惊喜万分，赶紧冲到湖边去看，却看到水里有4只和自己一模一样的丑小鸭。它们也长着白白的绒毛，脑袋大大的。看到丑小鸭，它们热情地喊它一起练习游泳。这时，丑小鸭突然哭泣起来，哽咽着说："你们到底是谁，为什么和我长得一样？"这时，一只美丽的白天鹅游过来，爱抚地看着丑小鸭，说："孩子，天气这么好，你应该尽情玩耍啊！"丑小鸭问："为什么我长得这么丑呢？"白天鹅笑了，说："你根本不丑啊，你是一只美丽的白天鹅。早晚有一天，你一定会在湖里快乐地生活，成为这片湖里最美丽的精灵！"听了白天鹅的话，丑小鸭再也不感到自卑了。它每天都和伙伴们一起辛苦地练习游泳，还渐渐学会了飞翔。看着在天空中翱翔的丑小鸭，曾经那些嫌弃它的小鸭子们都羡慕极了。

阳光总在风雨后，只有历经艰难，我们才能如愿以偿地褪去青涩，成为最引人注意的那个。其实，人生也恰如丑小鸭所经历的成长，没有人从一生下来就是光鲜亮丽的。如果你很有个性，那么你还极有可能因为与众不同而遭到他人的排挤。在这种情况下，千万要淡定。要相信那些不懂得欣赏你的人，不是因为你不够优秀，而是因为他们的心胸太狭隘。

当你坚持努力，毫不懈怠，你就会发现一切的美好，都是点点滴滴的付出换来的。在这个世界上，从来不会有天上掉馅儿饼的美差，因而你必须踏着泥泞，越过坎坷，才能一路向前，来到风景最美丽的终点。

天道酬勤，成为一只先飞的笨鸟

不可否认，有些人在某些特定的领域的确是有天分的，但是他们的成功恰如爱迪生所说，是99%的努力，再加上1%的天赋。由此可见，不管你多么有天赋，如果不够努力，最终只会让天赋埋没，难以使其发出独特的光彩。在这个世界上，没有人能够仅凭天分取得成功。天分与天才之间，还隔着漫长的路，那就是勤奋和努力铺设的路。如果你占有天分的优势，却从未有过勤奋，那么你只能与天才遥遥相望，而永远得不到这顶桂冠。

面对他人顶着成功的光环，拥有无数骄人的成就，你也许会抱怨自己的父母，没有把自己生得很有天分。其实，天分是可以用后天的勤奋弥补的。你最该做的就是，感谢父母给了你勤奋努力和上进的心，而不仅仅给了你天分。当天分遇到勤奋，一定会产生神奇的化学反应。当你意识到自己应该笨鸟先飞，你的人生一定会长出“翅膀”。

作为中国历史上颇具影响力的伟大人物之一，曾国藩从小就缺乏天赋。有一次，曾国藩把一篇文章读了很多遍，却依然打着磕巴背不下来。当其他小朋友出去玩时，他只能留在家里读书；当家人已经入睡时，他也不得不努力睁着大眼睛继续读书。就这样，他为这篇文章付出了比常人多很多倍的努力，但是依然背不下来。

一天晚上，有个贼偷偷地潜入曾国藩的家里，想趁着他们全家酣睡的时候偷点儿东西。然而，贼左等右等，曾国藩却总是反反复复地读同一篇文章，丝毫没有准备睡觉的意思。贼等了很久很久，等到太阳都快出来了，曾国藩依然不知疲倦地反复诵读。这时，贼实在耗尽了耐心，猛地从屋檐上跳下来，怒斥道：“就你这水平，还想读书！”说完，贼非常流利地把那篇文章背诵了一遍，然后扬长而去。从这件事不难看出，贼是很聪明的，居然在曾国藩彻夜苦读都没有背会文章的情况下，先人一步地将文章背诵出来。但是贼的聪明是小聪明，而且用错了地方。所以直到曾国藩成为人人敬仰和钦佩的人后贼依然是贼。

从这个故事不难看出，勤能补拙。对于那些思维不够敏捷的朋友们而言，也许凡事未必都要追求一个快字。只要能够静下心来，全心全意地诵读和学习，迟早能够拔高自己，使自己有所成就。

很多人都曾听说过“天道酬勤”，这个词语的意思显而易见。大凡孜孜以求、不断努力的人，也许暂时不会有太大的收获，但是只要坚持不懈地付出，肯定能为自己的人生开创与众不同的天地。与此恰恰相反，有很多人觉得聪明是自己最大的资本，因而他们仗着聪明，总是忍不住要要小聪明，似乎自己稍微努力一些，就能超越寻常人。遗憾的是，聪明固然重要，却远远不如勤奋对于人生的影响更大。从古至今，一分耕耘，一分收获，没有任何人的成功是不劳而获，一蹴而就的。

从现在开始，不管你是天赋异禀，还是资质平平，只要你渴望成功，渴望为自己的人生开天辟地，就应该笨鸟先飞。对于很多不能马上掌握的东西，我们唯有先于别人学习，再比别人付出更多的时间反复练习，就一定能够取长补短，最终成就自己。

第11章

比你笨的人比你成功，只因他比你更能坚持

前文我们刚刚说过笨鸟先飞。的确，有很多人天赋并不高，包括很多伟人和成功人士，但是他们之所以有所成就，就是因为他们勇于坚持。毋庸置疑，在成功的路上总会遇到无数的坎坷和挫折，如果轻易就放弃，那么无论如何也不能达到终点。只有不断地坚持再坚持，我们才能不断地战胜困难，超越自我，最终获得成功。

不离不弃，你才能实现梦想

在通往成功的路上，有几个人是没有坚持就轻而易举地获得成功的呢？几乎没有。著名画家达芬奇刚开始画画的时候连鸡蛋都画不好，正是因为坚持，才成为举世闻名的大画家；爱迪生发明电灯，仅是灯丝的材料，就试验了6000多种，且不说每种材料都要经过数次实验了，最终才成功地为全人类带来光明。如果没有爱迪生的坚持，也许人们还要在黑暗中摸索更长的时间！在《圣经》中，也曾记载了关于坚持的故事。耶稣告诉世人，如果你深更半夜去朋友那里求得帮助，朋友早已熟睡，因而一定会告诉你他不能起来帮助你，因为他的孩子正依偎在他的怀里，享受睡眠。你必须知道，虽然他没有像一个称职的好朋友那样当即起来帮助你，但是你必须依然坚持不懈地继续敲门，因为只有你的坚持，才能让他最终放弃睡眠，起床为你开门，并且给予你所需要的帮助。

连耶稣都明白的道理，我们当然也要明白。即便是朋友，也未必随时都能有求必应。因而，不管是向朋友寻求帮助，还是在面对生活中的各种困难和坎坷时，我们都应该努力坚持。即使遭到挫折或者拒绝，也不要马上放弃。古人云，“精诚所至，金石为开”说的正是坚持不懈的道理。

很久以前，三个朋友结伴而行，准备去爬泰山。他们都背着行囊，在预定的时间赶到泰山脚下集合。为了避免互相拖累，他们决定分开行动。然而，这三个朋友的脾气秉性是完全不同的，所以他们最终爬山的结果也完全不同。

朋友A不管做什么事情都喜欢瞻前顾后，而且很想在第一时间内知道自己的收获多大和能否成功。因而，在爬山的过程中，他每往上爬一段路程，就会扭头看看自己走过的路。当他爬到三分之一处，回头看看山下的秀美景色，因而心旷神怡，颇为自负地安慰自己："我真厉害啊，居然爬得这么高了！"然而，当他沾沾自喜地又朝山上看去时，却发现山顶遥不可及。一瞬间，他觉得万分沮丧："我付出了这么多，却还没有成功。"思来想去，他觉得自己爬山的活动根本没有意义，而且不管怎么努力，也还是在距离山顶万分遥远的山脚下。最终，他决定放弃，当即掉头朝山下走去。就这样，他半途而废了。

朋友B非常热情，不管做什么事情都很积极。他头也不回地朝着山顶攀爬，一鼓作气地爬到了半山腰。当他坐下来休息时，看着山下的风景让人心旷神怡，因而暗暗骄傲起来："哈哈，我真是太伟大了，居然这么轻松地就来到了半山腰。当然，我也很辛苦，汗水把衣服都湿透了！泰山这么高，大家都是坐着索道上下，我却一鼓作气地爬到了半山腰，也算小有成就了。剩下的路，对于我这样不怕吃苦的强者而言，哪怕是有人背我上去，也是应该的。"就这样，他一直坐在那里等着有人背他上山。很快天就黑了，他不得不沮丧地朝着山下走去。

朋友C是一个做事情脚踏实地的人，看起来人也普普通通，没有任何出奇之处。他从未觉得爬山是件容易的事情，也做好了心理准备——自己要坚持不懈。虽然起初他有一些畏难情绪，但是一想到别人能爬上去，他也应该能爬上去，因而就埋头往上攀登。在他心里，他既不觉得自己有多么伟大，也不觉得自己多么卑微。他只想像很多人那样，也凭借自己的实力成功登顶，享受一览众山小的畅意。就这样，他一声不吭地往上爬着，距离山顶越来越近，最终他成功地登上了顶峰，看到了开阔的天地。

从这个事例中不难看出，朋友A是个容易骄傲的人，因而有了小小的成绩马上就会因为骄傲而退步；朋友B是个容易满足的人。他一鼓作气爬到半山腰，却不清楚自己距离山顶还很遥远，根本不是庆功的时候，最终坐在原地等到天黑，也没有人来背他上山朋友C，从表面上来看就是个普通人。正因为普通，所以他既不自以为是，也不妄自菲薄，而是坚信既然别人能做到，他也应该能做到。就这样，他怀着平和的心态，坚持不懈，最终成功登顶，廉·丹佛在《向你挑战》一书中告诉读者，尽管爬山并不像想象中那么容易，却也不如我们所惧怕的那样艰难。只要你一步又一步坚持不懈地往上攀登，终有一天，你一定能够到达山顶。爬山如此，人生何尝不是如此呢？不管是面对生活中的重重困难，还是面对工作中的艰难阻碍，只要你能够坚持不懈地勇往直前，最终一定能够百折不挠，获得梦寐以求的成功。与此恰恰相反，假如你一遇到阻力或者困难就轻易放弃，那么你将会永远与成功绝无缘。无数成功人士的经验告诉我们，任何成功，都离不开对实现目标的“坚持”和持之以恒的行动。

生活中，很多人面对命运的坎坷和挫折，面对自己的失意和落魄，总是抱怨命运的不公。实际上，命运恰恰是因为公平，所以才把机会留给那些勇敢、坚强的人们。在这个世界上，根本没有真正的天才。当每个生命呱呱坠地的时候，上帝是没有偏心任何人的。后来的成就有多大，关键取决于我们的坚持。当你坚持了，你就会距离成功越来越近。

轻易放弃，是一切失败的根源

人性是有弱点的，诸如无知、贪婪、脆弱、懒散，等等。每个人，天生就有优点，有自己的独特优势，也天生自带弱点，常常会因为这些弱点，与很多成功的机会失之交臂。纵观古今中外，那些成功的人，无一不是战胜了人性的弱点，使自己变得强大起来。

很多人羡慕他人的成功，也为自己的一无是处而感到悲哀。殊不知，他们原本也可以无限接近成功，甚至真正获得成功，而就是因为放弃，使他们在通往成功的道路上突然停止了脚步。哪个人的成功是一蹴而就的呢？几乎没有任何人的成功是从天而降的，尤其是在通往成功的道路上，必然会有很多坎坷和挫折。如果轻而易举就放弃，就会中断通往成功之路，彻底与成功无缘。从这个角度来说，说轻易放弃是一切失败的根源毫不为过。不过需要注意的是，这里所说的是轻易放弃，而非放弃。人生，总是有舍也有得的。很多情况下，放弃也是一种得到，是一种对自我的解脱。因而，我们说不要轻易放弃，并非让大家在任何情况下都绝不放弃。事情的发展总是千变万化的，我们应该从自身的情况出发，根据事情的实际状况，及时调整战略，做出决策，这样才能顺应形势，做出最好的选择，以期得到最佳的结果。

人生短暂，凡事纠缠是一种折磨。相反，如果遇到困难就放弃，也会导致事与愿违。真正的智者，是能够保持从容豁达的心态，走好人生每一步的人。对于放弃，他们从不轻而易举就做出决定；对于现状，他们也不会无限度地容忍，而是积极地想办法去改变。在事情无法扭转的情况下，放弃也许是最好的选择。然而，尽人力知天命，很多事情如果都抱着这样消极的态度，就无法改变。因而，我们必须调整好心态，尽力让自己做到最好，这样才能最大限度地发挥自己的能力，争取最大的可能性，实现自己的心愿。

在前不久结束的奥运会上，如果那些运动健儿们在训练的过程中，一遇到困难就放弃，那么他们永远也无缘获得奥运冠军。现实情况是，每个奥运健儿在奋力拼搏的过程中，都是伴随着血和泪的，还有很多运动健儿承受着身体上的痛苦，一次又一次地超越自己，最终才能博得佳绩，创造辉煌。人生也是如此，我们需要坚持不懈地超越自我，才能距离梦想越来越近。

作为世界著名的游泳健将——弗洛伦丝·查德威克在游泳史上创造了一个传奇。1950年，她成功横渡英吉利海峡，因此享誉世界。时隔两年，她从卡德林那岛出发，向着加利福尼亚海滩游去，想要再次创造前无古人的世界纪录。

那一天，海面上的天气状况不是很好，四处都弥漫着浓雾，海水因为缺乏阳光的照射，变得冰冷刺骨。她一直坚持着、坚持着，在冰冷的海水里游了整整16个小时。在海水的浸泡中，她浑身冰冷，嘴唇青紫，简直没有一丝一毫的力气了。因为寒冷彻骨，她还情不自禁地打寒战，难以控制那股已经浸透她身体的寒意。她极目远眺，但是浓雾阻挡了她的视线，加利福尼亚海滩似乎远在天边。

她沮丧地想道："此时此刻，我根本看不到遥远的海岸，我无法坚持游完全程了。"一边想着，她的身体突然变得无力，甚至连再摆动胳膊的力气都没有了。她疲惫地对在小艇上陪伴她的工作人员说："拖我上去吧！"工作人员惋惜地说："你还能再坚持一下吗？你只要再坚持一公里，就能到达岸边了，真的只剩下一公里了。"她质疑地问："一公里？不可能！如果真的只剩下一公里，我为什么看不到岸边呢？快拖我上去，我再也坚持不下去了！"在她的强烈要求下，工作人员只能把筋疲力尽的她拖到小艇上。然而，她刚刚裹着毛毯喝下了一杯热饮，就看到了在浓雾中显现出海岸线的痕迹。她似乎看到人群正在欢呼，等待她的抵达。此时此刻，她懊悔不已，意识到工作人员所说的话全都是真的。

游过漫长的16个小时，只差最后一公里，她与又一个奇迹失之交臂。她懊悔不已，黯然无语。

如果弗洛伦丝·查德威克能够再坚持一公里，那么她就再次创造了游泳史上的奇迹。遗憾的是，她因为被浓雾遮挡了视线，看不到目标，也因为心中没有坚持的勇气，最终在距离终点只有一步之遥的时候，彻底放弃了这条通往成功的路。这样的失败，的确让人慨叹。

从心理学的角度来说，弗洛伦丝·查德威克在冰冷的海水中浸泡16个小时之后，又因为浓雾遮挡看不到近在咫尺的海岸线，一定是有些要崩溃的感觉了。其实，每个人在实现理想的道路上都会有崩溃的感觉。尤其是当我们的理想遭到很大的障碍，或者我们为其付出了很多，最终却无法看到希望时，崩溃的感觉就会不期而遇。需要注意的是，黎明前的黑暗总是最让人抓狂的，只有能够沉下心来静心度过的人，才能迎来万丈霞光。因而，无论何时出现的坎坷和挫折，哪怕是成功在即，我们也要坚持不懈。坚持，未必最终能够获得成功，但是如果你放弃了，那么等待你的必将是失败。

一切终将过去，苦难也不例外

在一生之中，没有人愿意接受苦难的煎熬。然而，除了少数天之骄子能够顺风顺水地度过一生之外，大多数人都会经受苦难的磨砺。苦难，从悲观的角度来说是我们人生中的巨大障碍，甚至是看似难以逾越的；从乐观的角度来说，是我们人生中的宝贵财富，历经苦难之后能够让我们的人生更加充实。因此，我们必须坚定不移地相信，一切苦难终将过去，就像人生中曾经所有的荣耀等。

曾经有人采访百岁的老人——真正的老寿星。面对后辈的疑惑，老人淡然地说：“熬。”这就是老人在人世间100年得到的经验。对于人生，只有慢慢地熬，就像小火慢炖，才能炖出真味。现代社会，不论是生活还是工作的节奏都越来越快了，但是熬过人生的现状并没有改变。也许你会面对很多新的苦恼，除了积极应对之外，我们必须相信一切终将过去，从而给自己鼓劲，更加坚定不移地去努力。

从小罗伯特就在农场里生活，这个农场是他的父亲辛苦工作很多年才积攒了一些钱后买下来的。这个农场的面积不大，只有65公顷。在经济萧条的时期，农场的经营也受到很大的影响。当时只有3岁的罗伯特不知道父母的愁苦，他们常常穷得连取暖的煤都买不起。为了一起渡过难关，小小的罗伯特也经常爬进猪圈，帮助母亲捡那些猪吃剩下的玉米秸秆，用来燃烧取暖。不得不说，那样的日子是很难熬的。

好不容易度过寒冬，到了次年春天，干旱很严重，地上都裂开了口子。然而，为了能够换取收成，父亲打算把小心翼翼留下来的那些宝贵的玉米，作为种子种到干涸的土地里。年幼的罗伯特问父亲："没有水，种子会枯死吗？"父亲语重心长地说："不播种种子，我们就不可能有收成。孩子，有的时候冒险是必要的。"随后，父亲把所有的玉米和燕麦种子都种到了干涸的土地里。整整一个月都没有下雨，父亲的表情总是异常严肃。

一个月后的一天，天上终于响起了轰隆的雷声。下雨了！尽管罗伯特兴高采烈地跑到雨里玩耍，也庆幸自己不用再挨饿了，但是父母都知道这点儿雨水远远不够。很快，烈日再次把土地炙烤得干裂开来，就连水塘里的鱼，也因为缺水失去了生命。

辛苦劳作大半年之后，他的父亲好不容易才收到了半车玉米，这与此前播种下的种子数量差不多。在餐前祈祷时，罗伯特听到父亲虔诚地祷告："上帝啊，感谢你的仁慈。今年，我一粒种子都没有损失，这都要感谢你的庇护。"然而，当时很多农场主因为扛不住天灾，都开始出售农场了。罗伯特的父亲没有这么做。他开始积极地向银行申请贷款，想要借助贷款渡过难关。在陪伴父亲去银行办理贷款手续时，罗伯特更加感受到父亲的力量。他们真的借助于贷款，熬过了那次天灾。

20多年之后，罗伯特全家再次遭遇灾害。那是夏日的午后，他们突然听到远处传来怒吼声。放眼望去，居然是龙卷风正在朝着他们的家移动。父亲当机立断，驾车带着全家人离开了农场。等到他们回来之后，看到家已经不复存在了。父亲坐在驾驶室，突然崩溃得失声痛哭："完了，全完了！"龙卷风卷走了他们的一切，包括父亲刚刚修建的一大片房子。然而，父亲在痛哭之后，并没有放弃生活。他们去镇上花了很少的钱买来别人家废气的房屋建材，重新修建了一幢小房子。从此，他们又从一无所有开始重建农场。渐渐地，农场的经营越来越好，父亲也完成了他毕生的心愿。

年幼遭遇灾难时罗伯特的父亲从未放弃过，而是始终满怀信心地与厄运搏斗。直到20多年之后，龙卷风让他们家多年苦心经营的一切瞬间消失，他的父亲才失声痛哭。不过，对于他父亲而言，哭泣只是发泄，是为了擦干眼泪更勇敢地面对未来。果然，他们再次从一无所有做起，重新得到了失去的一切。

没有人的人生会是一帆风顺的。然而，即使是再大的苦难，在我们的坚持下，也必然会渐渐退走。任何情况下，我们都要满怀信心。正如人们常说的，"困难像弹簧，你强它就弱，你弱它就强"。在强者面前，苦难更像是一个纸老虎，看起来吓人，其实打败它很容易。

活着，是漫长的煎熬和恒久的忍耐

一个人，从呱呱坠地的婴儿开始，到成长为坚强勇敢的人，需要多长的时间？作为婴儿时期的你，不能独自进食，吃、喝、拉、撒全都需要依靠父母的照顾。然而，在漫长的成长过程中，父母渐渐地老去，长大的你也开始成为父母的依靠，帮助父母渡过重重的难关。可以说，一个人成长的过程，就是不断忍耐和承受的过程。无论人生中有多少坎坷和荆棘，聪明的人都知道要坦然面对。既然抱怨不起作用，也无法改变任何既成的事实，我们为何不能放弃抱怨，积极地面对呢？

其实，不仅仅人需要适应人生，适应整个世界，大自然中的每一个物种都需要不断地改进自身，以期获得更好的生存条件。例如，枯叶蝶为了避开天敌的迫害，不得不在漫长的适应过程中改变自己的颜色，将自己完全融入环境之中。下面，就让我们来看一个小故事，了解忍耐的强大威力吧！

很久以前，澳大利亚的一个荒岛上有很多刺猬。这个荒岛是刺猬的世界，它们在荒岛上自由自在地生活着，有着充足的老鼠和蛇可供它们捕食，而没有任何动物能够威胁到它们的生存。要知道，刺猬浑身长满了刺，再凶猛的动物，也对刺猬无从下口。尤其是每当刺猬蜷缩起整个身体的时候，令捕捉者几乎无法靠近它。为此，就算是在岛上生活的最毒的毒蛇，也拿刺猬无计可施。正因为刺猬的自我保护能力强，所以它们的数量越来越多，繁衍速度也越来越快。

随着时间的流逝，荒岛上渐渐衍生出一种与众不同的毒蛇。它们的体型略小，不过它们却成为了荒岛霸主——刺猬的天敌。这是为什么呢？它们和大多数毒蛇一看到蜷缩的刺猬就慌忙避让的做法不同，这种新品种的毒蛇在看到变成刺球的刺猬之后，非但不会退缩，反而会以极快的速度冲过去吞食刺猬，它们还肆无忌惮地咀嚼刺猬，似乎很享受这种美味。很快，刺猬就在毒蛇的胃里被消化掉了。这和其他毒蛇以往的反应相比，简直令人匪夷所思？虽然毒蛇有毒，但是它们也是血肉之躯，难道它们不怕被刺扎吗？难道它们的胃是铁打的吗？然而，被吞食的刺猬的确被这种新品种的毒蛇消化了。让人更惊讶的是，这种新品种的毒蛇并未因此受到损伤，它们逐渐取代了刺猬的荒岛霸主地位，成为荒岛食物链中高于刺猬的一环。

为了解释这种奇怪的现象，科学家特意从荒岛上抓了一条新品种的毒蛇进行研究。解剖之后他们发现，这种新品种的毒蛇的喉管和胃部，全都是厚厚的老茧。为什么毒蛇的喉管和胃部如此变异呢？直到数年之后，又有一位科学家进入荒岛开展研究，才发现了真相。这位科学家从一个山洞里抓到了一条新品种的毒蛇的幼蛇，解剖之后发现它的喉管和胃部都是刺猬的尖刺，有的刺还扎在肉里，有的刺则已经脱落，伤口处结疤后变成了厚厚的茧。科学家们这才恍然大悟，原来这并非是新出现的新品种的毒蛇，只是为了让它们的喉管和胃适应刺猬的刺，小蛇们从小就开始练习吞食刺猬，然后忍耐身体内部被刺扎伤的痛苦，经过漫长的等待，等到刺脱落后伤口结疤变茧，它们才能毫无顾忌地吞食刺猬。而这个漫长的过程，大概需要10年时间。

事例中的真相，让人不胜感慨。为了吞食刺猬，一条小蛇居然要承受10年的历练和忍耐，才能让自己的喉管和胃部变得坚硬无比。想想我们人类，在通往成功的路上，在实现理想的路上，如果不抱怨，你能付出多少耐心面对一切的艰难险阻，直到如愿以偿？小蛇的经历让我们感到非常惭愧，如果我们也有如此的毅力和耐受力，只怕会离成功更近一些吧！

在漫漫人生路上，客观世界不会完全符合我们的心意。甚至有很多时候，我们还会遭遇意外的打击。如果要想获得成功，我们就必须努力改变那些我们能够改变的，再恒久忍耐那些我们无法改变的，从而调整自身以适应客观世界。如此双管齐下，才能让我们的人生更加顺遂，也才能让我们少几分抱怨，多几分积极乐观的心态。

坦然接受拒绝，你才有勇气重头再来

曾经，美国麻省理工学院进行过一项特殊的实验。这个实验不仅特殊，而且妙趣横生。原来，他们把小南瓜用一个铁圈圈住，然后观察南瓜在成长的过程中到底能够产生多大的力量。因为力的作用是相互的，所以铁圈能够承受的力量，就是南瓜能够承受的压力。做好一切准备之后，实验开始了，研究人员密切关注南瓜的生长状况。最初，他们初步估计南瓜可以承受约240公斤的压力。然而，最终的实验结果让所有人都大跌眼镜，因为南瓜足足在承受了至少约2400公斤的压力之后，才破碎。他们满怀好奇地打开南瓜，发现南瓜的内部已经发生了改变。南瓜里都是坚韧的纤维，这些纤维极尽可能地想要摆脱铁圈的禁锢。为了充分汲取养分，南瓜的根部甚至遍布整个花园，从而为自己积聚力量。

从这个小小的南瓜我们似乎看到了人类的潜力。从未有人知道自己的潜力有多大，但是既然一个南瓜都能把根遍布整个花园，又有什么是我们人做不到的呢？所以，永远不要小看自己，也不要认为自己不堪一击。实际上，你的能量超乎你的想象。那么，从现在开始，不要再妄自菲薄。我们应该能够承受人生中的一切压力，只要坚持不放弃，所有苦难都会成为过去。

归根结底一个人的能力和力量都是有限的。因而，我们常常需要得到他人的帮助，却并非每次都能如愿以偿。当遭到拒绝的时候，你是变得沮丧绝望，还是会更加坚强、努力？如果答案是前者，那么等待你的必然是放弃，也就是失败。只有选择后者，你才能再次扬帆起航，驶向理想的彼岸。

战国时期，苏秦和张仪都师从鬼谷子。他们的专业都是纵横学，因为他们坚信乱世出英雄，只有学好纵横学，才能为自己赢得好前途。很快，勤奋好学的苏秦就学成了。他辞别老师，四处游说，仅凭一己之力就成功促成六国合纵，掌管六国相印，可谓是叱咤风云的人物。正因为苏秦的成功，很多人都争相学习纵横学。此时，张仪也学成了，辞别老师之后，他却没有找到自己的好前途。归根结底，此事关系到国家命运，对于这个初出茅庐的张仪，很多国君都不将其看在眼里。思来想去，张仪决定投靠同出师门、叱咤风云的苏秦。

原本，张仪在没有投靠苏秦之前，认准了苏秦会看在老师鬼谷子的份儿上，给他安排一份好差事。然而，苏秦对张仪根本就是避而不见，更别提安排差事了。得知张仪到了之后，苏秦只是吩咐管家安排张仪和下人一起吃住。对此，张仪认为苏秦是别有用心，也许只是在考察他的能力。然而，张仪好不容易等到苏秦举办宴会，依然没有得到机会近距离地接触苏秦，只能隔着很远看了苏秦一眼。

在宴会上，突然有位宾客说玉佩丢了。因为这位宾客恰巧坐在张仪旁边，因而就说是张仪偷的。下人们根本不知道这个每天与他们同吃同住的不速之客是苏秦的师弟，因而毫不客气地抓住张仪，将其打了一顿。当浑身是伤的张仪躺在硬板铺上养伤时，苏秦却派人来赶张仪走，并且说自己没有这样无能到连差事都找不到的师弟。愤怒的张仪离开苏秦的宅邸，在苏秦一个门客的帮助下，辗转来到了秦国。

秦惠文君原本就对六国合纵有所顾虑，因而非常欢迎张仪的到来。在张仪想出破解六国合纵的计谋之后，秦惠文君当即提升张仪，给他高官厚禄。果不其然，在张仪的辅佐下，秦惠文君果然破了六国合纵，再次称霸。此时的张仪畅快、得意，却从陪同他一起来到秦国的、苏秦曾经的门客口中得知，这一切都是苏秦刻意安排的。苏秦不想让张仪在他的庇护下失去进取之心，所以刻意设计在宴席上侮辱张仪，又安排门客陪同张仪来到秦国，大展宏图。之后张仪恍然大悟，感慨如果没有苏秦的苦心，就没有他的成就。

很多情况下，拒绝的目的并非是让人沉沦，也有可能是以此激励他人，让他人从此奋发图强。就像事例中的张仪，如果得到了苏秦的款待，也得到了妥善的安排，那么他就不会一鼓作气，在秦国大有作为。当然，这也是因为张仪在面对苏秦的无情拒绝时，没有沉沦和自暴自弃，否则，一旦他不再努力上进，也同样没有后来的成就。

在人生之中，每个人都离不开他人的帮助，也经常会遭到他人的拒绝。与其因为他人的拒绝自暴自弃、自哀自怨，还不如从现在开始，奋发图强，活出个样儿来。坦然接受拒绝，说起来是很简单的一句话，写起来也不难，但是真正要想做到，却需要我们调整好心态，拥有强大的内心。人生有百种滋味，每种滋味我们都要用心去品味；人生也有万般哀愁，每种哀愁，我们都要勇敢面对，不要畏惧。只有怀着坦然之心，我们的人生才会朝着梦想的方向发展，我们才能百折不挠，坚强不屈。

心若在，梦就在，敢想敢干才能成功

虽然我们常说失败是成功之母，失败是成功的阶梯。但是现实情况却是，很多人一旦失败，就失去了爬起来重新开始的勇气。他们或者原地啜泣，或者选择放弃，因为他们的心中已经被一次的失败打败，再也不敢重头再来。实际上，海明威在《老人与海》中告诉读者，“一个人尽可以被毁灭，但就是不能被打败”。由此可见，成功与失败并不仅仅关乎外界和他人的评价标准，也关乎我们的内心。如果我们始终不服输、不认输，有着百折不挠的顽强毅力，那么我们的梦想就永远不会破灭。

心若在，梦就在。任何情况下，只要有梦想，只要有展开行动的决断力，我们就不会与成功无缘。很多人之所以在生活中止步不前，并非命运亏待他们，而是他们自己不是抱怨就是哭泣，从来也不知道应该主动地改变命运。记住，命运是牢牢把握在每个人手中的。只要你想改变命运，你就可以做到。还有些人因为瞻前顾后、杞人忧天，哪怕已经思虑周全，也依然不敢当机立断展开行动，最终白白失去了千载难逢的好机会，又懊悔不已。任何时候，任何情况下，只有敢想敢干，敢于创新和求变，才能取得成功，这是亘古不变的真理。

还有些人把失败和平淡归结于时代的原因。他们抱怨自己出生在和平年代，深信不疑倘若自己在战争年代，一定能够成为大将军。殊不知，有无数的革命烈士失去了宝贵的生命，才换来了我们今日幸福和平的生活。谁说和平年代就没有机会出人头地呢？和平时代的大环境更好，人们更容易创造辉煌。愚蠢的人总是为失败找借口，而从不为成功找方法，他们还常常把一切原因都归咎于他人，而从不觉得改变自己才是根本方法。因而，我们必须改变思路，从而彻底改变自己的命运。

乔布斯之所以能够创造传奇，一切都起源于他于1971年10月从杂志上看到的一则报道。这则报道是关于“蓝匣子”的。很多人不知道“蓝匣子”是什么？实际上，“蓝匣子”是一种能够盗取电话线路的设备。因而，如果一个人拥有“蓝匣子”，理所当然就可以打电话不用付钱了。看到这个消息后，乔布斯兴奋不已。他暗暗想道：“假如我拥有“蓝匣子”就太好了，我就可以随便给任何人打电话，而不需要支付任何费用了。但是，对于当年只有16岁的乔布斯而言，“蓝匣子”的技术显然太高深了。不过，乔布斯历来拥有敢想敢做、想到就做的雷厉风行的习惯，他当即开始准备行动。

为了整合资源和培养能力，乔布斯特意邀请沃兹尼克和他一起设计“蓝匣子”。沃兹尼克对于电子产品也有着浓厚的兴趣，因为得到乔布斯的邀请，他们马上一拍即合，当即投入研发工作。毋庸置疑，乔布斯在设计“蓝匣子”时经历了无数次的失败。但是，每一次失败都拓宽了他们的思路，因而使他们的创新理念更加先进。在历经千辛万苦之后，他们终于拥有了自己的“蓝匣子”。看着这个打遍世界所有电话都不用付费的“蓝匣子”，他们觉得欣喜万分。

为了改进产品，乔布斯还在“蓝匣子”上安装了自动启动装置。这样一来，无须手动开关，只要开始拨打电话，“蓝匣子”马上就会开始运转工作。尽管“蓝匣子”不能公开推广，但是却从此打开了乔布斯发明创造的闸门。从此之后，乔布斯在电子产品的研发上越发精进，直到苹果公司正式创立，乔布斯依然以疯狂的异想天开的模式管理公司。虽然乔布斯的想法的确经常会让人感觉莫名其妙，但是他却推动了全世界在信息领域的进步。

因为敢想敢干，乔布斯总是引领世界的潮流。在世界上第一台计算机诞生之日，他虽然没有意识到计算机的巨大商业价值，但却一心想要批量制造计算机，以便让每个人都能拥有属于自己的计算机。如此伟大的梦想，连惠普和IBM公司都不敢尝试，他却率先做到了。如今，乔布斯和他的“苹果帝国”，俨然已经成为不朽的传奇。

虽然我们不能成为乔布斯；虽然我们只是平凡而又普通的人，但是我们也有属于自己的人生事业，需要我们为之燃烧热情，为之不懈奋斗。任何在事业上获得成功的人，必然都是有魄力和有决断力的人。一切好的想法如果只能停留在设想阶段，就会变得毫无价值。所以，朋友们，让我们勇敢地想象，放开手脚去实干吧！不要让空想消磨你的意志，不要让踯躅错失你的机会。就像乔布斯所说的，“只要敢想，就无所不能”。我们要说：“敢想敢干，才能成功！”

常言道，“心有多大，舞台就有多大”。任何情况下，即使我们的身体被囚禁，也不要禁锢自己的思想。现代社会很多人瞻前顾后，想到了不敢做，还有很多人是连想也不敢想。在这样的情况下，又谈何成功呢？！记住，敢想敢干，你才能离成功越来越近。

第12章

不做人生规划，你永远只能吃到眼前的食物

人生，永远不是朝夕之间的事情。虽然人们常说人生如白驹过隙，但是并不能改变人生是漫长的这个现实。在漫长的人生中，很多人都觉得不如意，觉得自己想要的都没得到，也觉得自己距离梦想越来越远。实际上，如果一个人能够很好地规划人生，并且将其变成实实在在、脚踏实地的人生规划，那么人生并不漫长，也不混乱，很有可能会按照你的期望一步一步地发展下去。相反，如果有些人总是盯着眼前的日子，而不做长远打算，那么他很有可能只能吃到眼前的食物，而不知道在未来的哪一天就会饿肚子。

不要让自己穷得只剩下时间

记得曾经有首歌里唱道，“我想去桂林呀我想去桂林，有时间的时候没有钱，有钱的时候又没有时间”。听起来，这简直是个难以调和的矛盾，让人想起来就发愁。的确，如何才能协调好钱和时间呢？即使你有大把的时间，但是世界这么大，你总不可能凭借双腿就走遍千山万水。当你好不容易花费了青春年华，为自己挣了一些金钱，却又遗憾地发现自己又没有时间了，或者已经老了、衰弱得哪里也去不了了。这样的情况一旦发生，不得不说是莫大的悲哀。那么，当你有大把的时间，却没有钱的时候，该怎么办呢？

毋庸置疑，除非我们一出生就是富二代，否则我们在青年时期总会面临经济上的窘境。要想日子好过一点儿，经济宽裕一些，我们就必须花费宝贵的青春年华，为了挣钱而不懈努力。难怪如今有很多年轻人都把追求财务自由作为自己的人生目标。顾名思义，财务自由就是不为钱所烦恼，总是能够想做什么就做什么，再也不用斤斤计较地算计。不过，在这个物欲横流的时代，几乎每个人的欲望都在不断膨胀，财务自由并非那么容易实现。再加上人生短暂，我们更应该协调好时间和金钱的关系，尽量成为人生的赢家。

如今有很多年轻人，都以年轻自诩，因而从未感觉到生命的紧迫。他们大喊“年轻就是资本”，肆意挥霍宝贵的青春时光。这样的年轻人，不得不说是悲哀的。不要让自己穷得只剩下时间，哪怕你真的很年轻，有大把的时间可以浪费，也有无数的机会可以尝试，你还是应该努力规划自己的人生，把宝贵的光阴用在最需要的地方，从而最高效率地提升自己。

富兰克林早在12岁的时候就与哥哥詹姆士签订了学徒合同。根据合同规定，小小年纪的富兰克林要在哥哥詹姆士开办的印刷厂里，当学徒到21岁。在此期间，除非到了最后一年他能得到低廉的工资之外，他只能得到吃住和工作服。虽然富兰克林很穷，但是他精神富足，生活得也很充实。因为工作忙碌，富兰克林的时间非常紧张。为了学习，他不得不在早晨上班之前，或者晚上下班之后，挤出宝贵的时间。有的时候，为了得到更多的学习时间，他甚至故意错过做礼拜，享受学习的乐趣。

时间一晃过去了4年，富兰克林已经16岁了。一个偶然的机会，他读到一本关于素食的书，因而准备身体力行，以吃素为主。为此，他特意向哥哥提出请求，只要给他一半的伙食费，他就自己负责吃饭的事情。哥哥同意了，从此以后，富兰克林的每一餐都是极其简单的，或者是一片面包，或者是一片饼干，奢侈的时候也顶多吃一块儿馅饼。如此一来，他成功地从一半的伙食费中又节省出来很多钱，并且把这些钱全都用于买书。每当到了就餐时间，富兰克林就在空荡荡的印刷厂里几口吃完食物，然后开始专心致志地看书。在这样的安排下，他的知识越来越渊博，读过的书简直数不胜数。就是在这样的生活中，小小的富兰克林不仅开始挣钱养活自己，而且也想尽办法满足自己的求知欲，不管是在时间上还是生活上，都无比充实。

在这个事例中，原本富兰克林从12岁就开始当学徒，过得生活应该是非常单调的，而且工作之余也必然会感觉很空虚。但是，已经陷入贫穷的富兰克林，非常注重学习，而且想尽一切办法努力充实自己，甚至从原本就不多的一半的伙食费中省钱买书，不得不说，富兰克林虽然很穷，时间上也特别紧张，他是时间的主人，占有和支配时间，而从不被时间支配和奴役。假如我们也能如同富兰克林一样坦然面对贫穷的生活，并且不管什么情况下都能合理地利用时间，努力充实自己，那么我们的人生一定会有更大的成就，也能变得更加高效。

当有一天，你觉得时间多得用都用不完，那么你就要反思自己了。一个人穷得只剩下时间，并非意味着他真的贫穷，而是说明他已经失去了对生命的掌控。就在笔者写这篇文章的时候，时间已经悄悄地溜走了。从现在开始，就让我们抓住点点滴滴的时间努力学习，充实自己吧。人生之中，暂时的贫穷并不可怕，最可怕的是我们失去对未来的憧憬，变成了任由时间摆布的奴隶。任何情况下，只要你善于安排时间，只要你把握人生中的分分秒秒，你就拥有了人生的主动权。

当个“月光族”，真的潇洒吗

随着生活节奏的加快和工作压力的增大，现代的人们越来越注重享受，也很重视对于压力的排遣。也因此，诞生了越来越多的“月光族”。顾名思义，所谓月光族，是指提前把之前的月工资全部花光，到下一次发工资之前，甚至需要举债度日的人群。他们往往有着超前消费的理念，不管挣得多还是少，都花得很高兴，从来不为未来的生活精打细算，也很少勤俭节约，拥有积蓄。大多数月光族都本着挣多少花多少的观念，尽情挥霍和享受生活。通常情况下，月光族都是年轻人，他们不但不攒钱，还喜欢预支消费，如今使用频率越来越高的信用卡就助长了月光族的嚣张气焰。他们花起钱来毫不吝啬，有的时候会为了一件奢侈品预支消费好几个月的工资，然后再慢慢拆东墙补西墙用于还债。

当然，月光族并非啃老族。大多数啃老族都需要父母的支援，月光族本身其实是很有能力的，甚至还是高学历、有头脑的人。他们花钱如流水，赚钱也非常努力。他们和老一辈的勤俭节约相比，更愿意相信“钱不是省出来的，而是挣出来的”。因而，当父母对他们的挥霍发表意见时，他们往往一笑置之，以“能赚会花”为由。

然而，人生并不总是一帆风顺的。大多数时候，人生的确风平浪静，然而，有的时候，人生就像是变幻莫测的海面，突然之间就会从风平浪静变得惊涛骇浪。在这种情况下，月光族就会变得非常被动。举个最简单的例子，你每个月都月光，但是如果突然遇到公司裁员，没有任何积蓄的你四处奔波一个多月也没找到心仪的工作，这时候该如何生存呢？只怕除了张口向父母要房租和零花钱，别无他法吧。此外，人吃五谷杂粮，没有不生病的。如果你突然生病，需要去医院打针吃药，甚至是住院，又该如何应对呢？总而言之，在人生中状况百出，此刻的风平浪静并不代表你能一直这样顺遂地生活和工作下去。所以，未雨绸缪是完全有必要的，聪明的人至少会为自己留一笔应急的基金。对于位于时尚前沿的月光族而言，如果不愿意苛刻自己，不如积攒一些钱用于理财，这样每个月小小的积累，就能为自己积少成多，最终拥有一笔应急基金，何乐而不为呢？！

咪咪是家里的独生女，从小被父母呵护着长大，真正是娇生惯养，从未为钱操过心。大学毕业后，因为咪咪吵闹着要搬出去住，独立生活，溺爱她的父母还特意为她买了套小复式房，以满足她独立生活的需求。当然，因为从小接受良好的教育，再加上是名牌大学毕业的，咪咪完全有能力独立生活。作为外企的白领，她的薪水不低，足以支付得起她过小资生活的开支。因而，咪咪开始了月光族生涯。

后来，咪咪认识了李楠，并且在恋爱一年多后与其共同组建了幸福的小家庭。之后，他们还有了一个可爱的女儿，就像小公主一样。不过，咪咪的消费习惯并没有改变。父母给她买的房子没有贷款，因而她依然保持着月光族的习惯。而李楠呢？也并没有觉得这样有什么不好。直到有一天，咪咪的父亲突发脑溢血，住进了重症监护室，每天都要花费近万元的医药费。这时，咪咪突然感受到了压力。尤其是在父母辛苦积攒了一辈子的几十万元积蓄都花光了之后，咪咪作为女儿却连几万元钱都拿不出来。她开始反思自己，感到愧疚。

于是咪咪和李楠四处找朋友借钱，好不容易才凑够了10万元，因为他们身边的朋友大多数也是月光族。这件事情发生之后，看着瘫痪在床的爸爸，咪咪似乎一夜之间长大了。她不再盲目地购买那些奢侈品，而是学会精打细算。从不关心柴、米、油、盐的她，居然去菜市场买菜，并且与卖鱼的人讨价还价。就这样，咪咪成熟了。她不再觉得当一个月光族有多么潇洒，而深刻意识到，当家人需要的时候，能够为家人提供强有力的经济支持，才是真正的尽责，才是真正的潇洒和有责任心的表现。

作为独生子女，咪咪的经历具有代表意义。他们从小衣食无忧，在父母的庇护下长大，根本没有忧患意识。在他们的心里，总觉得父母是永远不会老的，能够永远成为他们的坚定支持者，给予他们最无私的帮助和爱。然而，父母却一天天老去，这是不容争辩的事实。在咪咪的爸爸突发脑溢血之后，咪咪感到手足无措。也许金钱不是万能的，但是在这种情况下，没有钱却是万万不能的。这件事情彻底改变了咪咪的消费观，让她从一个月光族，变成了一个现实主义者，学会了未雨绸缪，也学会了长远打算。

很多月光族都喜欢信贷消费，他们很少找别人借钱，即使偶尔资金周转困难，也会以信用贷款的方式进行临时的周转。他们非常自信，相信钱花光了，自己还能挣到，因而他们花起钱来连眼睛都不眨。大部分月光族都很时尚，总是爱购买位于时尚前沿的奢侈品，也因此他们看起来非常潇洒。但是，人生中没有万无一失的事。不管什么时候，灾难都有可能接踵而至。如果你不想让自己在灾难来临的时候太过被动，就应该从现在开始身体力行，努力地改变自己的消费方式，做到未雨绸缪，最好时刻准备迎接命运的挑战。当你能从容地应对人生中的各种突发事件，你才会真正理解潇洒的含义。

命运的寒冬随时可能到来，别做“寒号鸟”

自古以来，人们似乎已经习惯了命运无常，所以古人才会说，祸兮福之所至，福兮祸之所倚。这就是在告诉人们，福祸相依，不要因为有福就盲目地乐观，也不要因为灾祸的到来而沮丧绝望。很多情况下，祸福之间是能够相互转化的，就如同塞翁失马里的塞翁，先是失去了马，后来又无缘无故地得到一匹马，眼看着儿子摔断了腿，儿子最终却因此而避免去服兵役，侥幸保住了性命。从塞翁的经历中我们也不难看出，命运反复无常，谁也说不准下一刻等待自己的是好运还是厄运。在这种情况下，如何坦然地面对生活呢？既然无法预知未来，最好的办法就是做好准备，这样才能做到兵来将挡，水来土掩，因而不会因为突发的意外而手足无措。

生活中有很多必需品，对于这些必需品，在有能力的情况下，最好尽早置办。比如有些人在生活富足的时候无限挥霍，而等到经济拮据时，马上就会食不果腹。很多居家过日子的人都讲究家底儿，家底儿厚实，即使有点儿风浪，也能坦然度过。相反，如果家底儿很薄，那么哪怕是小小的风浪，也会使人难以承受。其实，不但一个家庭需要厚实的家底儿，就算是一个人，也应该时刻做好准备，迎接厄运。更何况，生活中并非所有的厄运都是毫无征兆地到来的，很多事情原本可以预估，也因而能够未雨绸缪。在这种情况下，如果你还做不到提前谋划，则只能说你是一只可悲的“寒号鸟”，注定要葬身于命运的寒冬。

在炎热的夏季，寒号鸟每天都到湖边散步，对着湖水看着自己美丽的倒影，沾沾自喜。转眼之间，夏季过去了，秋天到来了，森林里落下了厚厚的叶子，寒号鸟觉得有些冷了。但是看到松鼠们都开始储备过冬的粮食，它却不以为然，依然自顾自地欣赏着自己。再后来，冬天来了。寒号鸟在凛冽的寒风中无处藏身，冻得瑟瑟发抖。它好不容易才找到一处岩峰，就藏在里面躲避寒风。

这阵寒潮过去之后，天气晴朗，阳光明媚。喜鹊们早早地起床，飞来飞去，衔来了很多枯枝，为自己准备过冬的巢穴。寒号鸟呢？似乎已经忘记了前几天的寒冷，白天只顾着出去玩，等到夜晚降临，就躲进岩缝里过夜。一天清晨，喜鹊劝说寒号鸟："寒号鸟，趁着天气好，赶快筑巢吧，不然冬天你肯定会被冻死的。"寒号鸟不以为然地说："我才不呢，我要趁着天气好，好好玩玩。"很快，有一场寒潮带来了严冬。在呼啸的寒风里，喜鹊躲在温暖的巢穴中安然入睡，寒号鸟却在岩缝里冻得瑟瑟发抖。它整夜都在哀号："真冷啊，真冷啊，明天就筑巢，明天就筑巢。"

次日清晨，寒风退去，阳光明媚，喜鹊再次劝说寒号鸟，让它赶紧筑巢。寒号鸟却晒着温暖的太阳睡到正午，下午又忙着去湖边玩耍，还是没有筑巢。直到森林被白雪覆盖，寒号鸟在哀号中失去了生命。

在20世纪80年代，三姑家属于最早富起来的那拨儿人。三姑夫承包了很多鱼塘，不但养鱼，还养了很多海虾。在我的印象里，最盼望着三姑来我们家，因为三姑每次都会慷慨地给我1元钱。在那个冰棍1角钱1根的年代，1元钱可是不小的财产！当然，逢年过节的时候，三姑甚至会给我2元钱或者5元钱，简直让我欣喜若狂。

有一次聊天，我听到爸爸对三姑说："三姐，你跟三姐夫商量商量，趁着手里有钱，把房子翻建了吧。你看你家是两个儿子，又在农村，房子建好了，以后孩子长大了也好娶媳妇。不然万一这些钱用光了，到时候再想翻建房子可就难了。"三姑答应得很好，说回家就和三姑夫商量。然而，过去了很长时间，三姑家里也没有翻建新房。几年之后，三姑家突然就没钱了，原来是因为三姑夫赌博，把钱都输光了。就这样，三姑一家从最早的富有变成了如今的贫穷，房子始终没翻建。直到儿子们都长大了要娶媳妇了，三姑夫才着急起来。这时，他和三姑都已经老了，也没有那么大的能力了，都为当初有钱时没有翻建房屋而后悔不已。

寒号鸟的故事，相信很多人在小时候就曾听说过。虽然这只是一个简单的寓言故事，但却为我们揭示了一个深刻的道理。任何时候，我们都必须未雨绸缪，才能迎接命运不期而遇的寒冬。至于第二个事例中，三姑的经历更具有现实意义。在有钱的时候，三姑和三姑夫并没有先把农村视为最重要的房子修建好，等到几年之后家道中落，再想修建房子就很困难了。虽然我们未必也要趁着有钱就修建房子，但是道理却是相通的。不管你在哪里生活，也不管你处于社会的那个阶层，在有能力的时候，一定要分清楚事情的主次先后，先把最重要也最急迫的事情做好，这样才能免除后顾之忧。

没有人的一生会永远一帆风顺，每个人在命运发展中都会遭遇挫折和无情的捉弄。我们无法预知命运，那么就要把握好能够掌控的一切。对于可以预知的风险，及早防范；对于无法预知的风险，就要尽量提升自己的能力，做最好的自己。只要你做足准备，就不会在命运的寒冬到来时，成为手足无措的寒号鸟，最终冻死在寒风里。

贵而物尽其用，才是最好的选择

每个人因为家庭背景、生活经历和受教育的程度，以及价值观等的不同，导致存在不同的消费理念。这是完全可以理解的。例如，一个从小生活在农村穷苦人家的孩子，他最大的愿望就是能吃饱、吃好。再如，一个从小生活在大都市且家境富裕的孩子，必然不知道穷人家的状况。正因为如此，一个娇生惯养的孩子才会问穷孩子：“你没有饭吃，为什么不去吃肯德基呢？”这样的问题听起来让人啼笑皆非，却深刻揭示了社会现状。

其实，不仅孩子们对于贫穷与富贵之间的差别搞不清楚，很多成人在消费的过程中，也会闹出让人啼笑皆非的事情。以最热衷于消费的女性为例，有些女性朋友因为经济拮据，所以买衣服喜欢买便宜的地摊货，又因为喜欢不断地换新款，因而地摊货一件接一件，买个不停。和她们比起来，有些女性朋友虽然同样经济不宽裕，但是她们从来不买地摊货。哪怕积攒很长时间的钱，也要买一件上档次、质量好的衣服。这样就要展开讨论：衣服是买低价而多买好，还是买价格贵而少买好？对此，女性朋友们众说纷纭，意见完全不统一。那么我们再回到问题的根源，难道那些买地摊货的女性朋友不喜欢穿高档的服装吗？当然不是。倘若她们有足够的钱，她们恨不得买整整一个衣柜的高档时装吧。问题的根源就在这里，她们追求拥有更多的服装，却又没有足够多的钱买下足够多的高档服装，因而只好退而求其次，以价格低廉而保证服装的数量。如此一来，她们就得到了更多的服装，可以满足她们经常穿新衣服的心理。相比她们，那些宁愿少买也要保证服装品质的女性朋友，显然有着不同的价值观。她们觉得服装能够彰显自身的内涵，所以宁愿求精，而不愿意泛滥。

现代社会凡事都讲求效益，从效益的角度来讲，当然要买贵而好的衣服，从而帮助自己在各种场合提高身份和档次。因为无数件廉价的衣服，在高档的场合，也无法为你提升气场。举个不恰当的比方，一个女人挂着满身破布出现在高档酒会，另一个女人穿着高端的时装出现在高档酒会，你觉得哪个女人的打扮更得体？当然，这个比方也许有些极端，但是却能很好地说明一个道理，即贵而物尽其用的东西，才是最好的，这是我们每个人消费时应该把握的原则。

作为一名初次的创业者，林伟在小小的公司刚有起步之后，就开始计划换车的事情。原本，林伟开着一辆二手的夏利车，这次，他准备换一辆SUV，一则可以彰显身份，二则也有助于与他人的合作。为此，林伟隔三差五就去4S店转悠，想看看哪款车性价比更高，也更合适。

看了有一个多月，林伟终于选定了科帕奇。他准备购买科帕奇的初级车，然而，等到提车的时候，林伟的好朋友杜刚也跟着一起去了。看到林伟选中的是普通型，杜刚微微皱起眉头，说："你这次换车肯定短期内不会再换了，为什么不买个豪华型呢？！这样既有倒车导航，又有真皮座椅，轮毂还大呢？！"林伟犹豫地说："但是，豪华型得贵好几万元啊！"杜刚笑了，说："既然你是作为公车使用，那么大家肯定不只看车子的外表，也会在坐车的时候品味车子的内装修。尤其是当你用这辆车接送客户的时候，稍有不慎就会给客户留下不好的印象。我觉得你还是慎重，毕竟车子是个消耗品，换来换去的很麻烦，损失也更大。"林伟认真地思考了杜刚的话，最终决定多花几万元钱购买豪华型。后来，在林伟公司发展的阶段，这辆科帕奇立下了汗马功劳。他们公司的很多业务，都是林伟带着科帕奇"鞍前马后"换来的。

在购物的时候，虽然要强调价格的优势，但是也不能忽视了性价比。性价比和价格有什么区别呢？是越便宜的东西性价比就越高吗？其实不然。如果你花100元钱买了个价格低廉的废物，那么还不如花1000元钱买个实用的东西性价比更高！消费时，我们一定要避开一个误区，即未必只买便宜的，而是应该买性价比最高的。即物有所值，能够把自己的钱花在刀刃上。

任何东西，即使再昂贵，如果放在那里毫无用处，那么也无法起到作用。反之，任何东西，即使再便宜，如果买来之后就闲置，也是毫无价值的。理智的人，不管是花很少的钱，还是花很多的钱，最重要的都是买到合适的东西，能够为自己的生活和工作创造便利。需要注意的是，有些东西除了其自身的实用价值之外，也能彰显身份和地位。对于这些东西，在选择的时候，如果有需要，除了要体现实用价值之外，还应该符合自己的身份和地位，从而起到更好的辅助作用。总而言之，任何事情都要从自身的实际情况出发，这样才能最大限度地提高效率，达到目的。

存款，对于人生规划的实现至关重要

前文我们说到了月光族，毋庸置疑月光族是不可能有存款的，他们不预支未来的薪水就不错了。那么，在几十年前，我们的父母那一代人，总是勒紧裤腰带节省开支，只为了存钱，这真的是对的吗？几十年前的社会，还不像现在这样经济发达，因而大部分吃公家饭的人，薪水都很低。有的时候，一个人工作，甚至要养活全家好几口人。在这种情况下，积攒的每一分钱，都是从牙缝里省下来的。这种观念，和几十年后的月光族，形成鲜明的对比。

当然，月光族往往是高知识层次和高能力的人群，他们通常薪水很高，有着足够的自信，相信这个月的薪水花完了，还会有下个月的薪水如期而至。因而，他们在月光甚至是超前消费的同时，并没有强烈的危机感，反而觉得很安心。那么，现代社会存钱到底重要不重要呢？前文已经说过，适当的存款可作为应急基金，对于任何时代的任何人而言，都是完全有必要的。不过，过度节省和存款，以至于影响生活质量和人生的发展，则是不应该的。总而言之，任何事情都过犹不及。我们必须做好人生规划，再以存款作为辅助，才能使自己的人生更加顺遂如意。

顾名思义，存款，就是把多余的钱保存下来，积少成多，从而成为人生的资本。诸如很多年轻人很想自主创业，却因为没有启动资金，而最终搁置计划。那么，这种情况下如果有一定的存款，问题就能迎刃而解。对于中年人而言，存款既可以是孩子的教育准备金，也可以是老人的生活保障。此外，存款对于我们个人生活的规划也有很大的约束作用。如果你曾经是个月光族，现在却有了存款的计划，那么你自然而然就会合理规划消费，杜绝消费的盲目性。如今，各种各样的理财产品层出不穷，我们的存款还可以成为会下金蛋的鸡，帮助我们用钱生钱。这样一来，一边挣钱，一边以钱生钱，生活是不是就能突然间提升一个档次。总而言之，挣钱很难，我们要让每一分钱都物尽其用，都花在刀刃上，这样才能最大限度地发挥金钱的作用，使其为我们改善生活质量提供无限的可能性。

自从大学毕业以来，张坤一直是个月光族。他的父母都是退休的职工，养老金虽然不多，但是也足够他们使用。因而，张坤从领取第一个月工资开始，就没有存钱的计划。他不停地换手机，买名牌衣服，还租了一套一室一厅。如此一来，虽然他的工资很高，每个月却都没有结余。

在单位组织的一次体检中，张坤的爸爸突然被查出患了肝癌，还是早期，可以治疗。得知这个消息之后，张坤简直觉得如同晴天霹雳。面对即将做手术的爸爸，他很想拿出几万元钱贴补家用，但是他只有花剩下的几千元工资，还要等着交房租。当张坤羞愧地告诉妈妈自己手头拮据时，妈妈安慰他说："没关系，妈妈有积蓄，你爸爸的单位也能报销一部分。"就这样，妈妈东拼西凑，才凑足了爸爸的治疗费用。看着身体一下子衰弱下来的爸爸，张坤突然产生了一个想法："买房，把父母接到身边，这样照顾起来也方便。"有了这个想法之后，张坤一改往日的挥霍行为，开始努力积攒。两年过去了，在拿到年终奖之后，张坤终于攒够了首付，马上选中楼盘，付了首付，按揭买了一套房子。现在，张坤每天下班之后都可以回家和父母一起住，让父母享受天伦之乐。

百善孝为先，虽然张坤之前是个月光族，但是当他的爸爸突然患病，给他敲响了警钟，让他深刻理解"父母在不远游"的道理。为了侍奉父母更好地照顾父母，他萌生了买房的心思，最终通过自己的辛苦积攒，付了首付，把父母接到了身边。这对于只有张坤这个独子的父母而言，无疑是最大的安慰。

人生充满了无常，各种意外和灾祸，随时随地都有可能发生。不管我们每个月能挣到多少钱，也不管我们对未来有着多么美好的憧憬，我们都应该学会规划人生，为自己的人生储备一笔资金。就算不是为了孝顺父母，对于自己的事业发展，储备资金也能够有备无患。如果现在突然有一个很好的创业机会摆在你的面前，但是你却因为没有资金而无法启动，那么岂不是很遗憾吗！从现在开始，就让我们未雨绸缪，提前做好人生规划，也提前为人生的腾飞做好准备吧！

三十而立，你立足了吗

对于职场人士而言，从二十二三岁大学毕业开始，到30岁的这七八年时间，是最宝贵的打基础阶段。很多年轻人自诩年轻，因而肆无忌惮地挥霍青春。殊不知，等到了30岁，如果你还没有选准行业，还在频繁地跳槽，那么你的前途就堪忧了。换言之，如果能在30岁之前选定职业，从而脚踏实地、全心全意地发展，那么你就一定能够更好地为自己的职业发展打基础，也为自己拥有辉煌的未来做好准备。

对于30岁之前的年轻人而言，最重要的是什么呢？有人说是先找份工作养活自己，有人说是积累工作经验，有人说是买房、买车，其实，这些目标尽管正确，但是并不长远。一个有着长远规划的年轻人会知道，他最艰巨的任务，就是在30岁之前，找准属于自己的职业，从而扎根下来，用心发展。试想，假如你为了短期内的经济效益而选择一个不适合自己或者自己不喜欢的职业，糊里糊涂地干下去，那么等到几年之后，虽然你积攒了一些资金，但是那些曾经与你在同一起跑线上的同学、朋友们，早已在喜欢的行业里积累了丰富的经验，甚至已经成为中级管理者了。这种情况下，你再去他们的领导下发展，还能做到心平气和吗？人生最大的幸运，尤其对于职场人士而言，就是能在初入职场的时候就找准自己的职业，从而不浪费每一天的时间为自己积累经验，积攒资历，最终在年轻时就成为行业翘楚。这样的人生，怎能不辉煌呢？

也许有些年轻的朋友会说：“我们根本不知道怎样选择合适的职业啊？尤其是在没有任何工作经验，而就业压力大、竞争又很激烈的情况下，更不知道该何去何从。”大家都知道，兴趣是最好的老师。所以，如果有机会，你一定要选择自己喜欢的职业；其次，就是要选择与自己专业对口或者能够发挥特长的行业。这两点，只要有一点符合，就一定能给你插上翅膀，让你效率倍增。还需要注意的是，我们也要关注行业本身的发展情况。常言道：“三百六十行，行行出状元。”很多时候并非行业不好，而是你没有用心去做。只要你坚持用心，付出真心，就能达到事半功倍的效果。有些年轻人找工作时盲目地一头扎进热门行业，殊不知行业发展也是有规律的，很多行业热过之后就会冷；很多行业看似眼下不那么热，但是假以时日必然会有大发展。因而，我们一定要慎重思考，从长远出发做出选择。

正在读大四的小雨和彤彤，眼下都在找工作。小雨接连面试了很多家企业，都没有特别中意的。彤彤则联系好了一家专业对口的公司，准备毕业之后就上岗。而且，彤彤还介绍小雨也去这家公司面试，小雨居然也通过了。不过，小雨和彤彤对于这家公司也并不是十分满意，因为这家公司的待遇不太高。但是他们的想法是骑驴找马，因而在没有真正上岗之前，他们依然一起四处奔波着找工作。

一个偶然的机会，小雨得知一家刚成立的小公司在招聘，给出的薪资待遇很高，因而就兴冲冲地拉着彤彤去了。果然，这家公司紧缺人才，因而经过一番考核之后，老总当即表示欢迎小雨和彤彤一起上岗。小雨当然毫不犹豫，但是彤彤却有些纠结。彤彤说："虽然这家公司待遇高点儿，但是毕竟是刚成立的小公司，未来的发展也不明朗。和之前那家公司相比，规模就小多了，晋升空间也小。"小雨不以为然地说："哎呀，那肯定是先把钱放进口袋里啊。咱们一旦毕业，就不能再从家里要钱了，多挣点儿钱自然花起来也痛快。我觉得，咱们就先干着，就当积累经验了，不合适再慢慢找。"彤彤摇摇头，说："我还是觉得为了多拿几百元钱，放弃大公司来小公司不值得。"最终，彤彤去了那家大公司，小雨则毫不犹豫地来了这家小公司。对于消费很高的年轻人而言，彤彤每个月都比小雨少拿几百元钱，生活的确拮据了些，但他并不后悔，而是脚踏实地地努力工作。几年过去了，小雨所在的那家公司因为经营不善，先是发不出薪水，后来居然倒闭了；彤彤因为努力地积累工作经验，已经成为公司的主管了。后来，小雨再次应聘来到这家公司，理所当然地成为了彤彤的下属。而彤彤的薪水随着其升职水涨船高，已然是小雨的两倍之多。

在这个事例中，彤彤的眼光显然比小雨更远。小雨只顾着眼前能够拿到更高的工资，根本没有进行长远的规划。相比之下，虽然彤彤刚开始时工资没有小雨多，但是最终自己能在公司里扎根，而且得到了领导的认可，升职加薪，自然春风得意。

年轻人在初入职场的时候，一定不要目光短浅。对于一人吃饱全家不饿的单身汉而言，不要对薪水的高低斤斤计较。如果能够进行长远规划，找准职业，找好公司，扎根下来努力发展，相信只要假以时日，你的人生必然会变得与众不同，引人羡慕。

三十而立，你立足了吗？如果答案是否定的，那么马上开始整理思路，认真地为自己的前程考虑吧！

第13章

主动做事，变“要我做”为“我要做”

每个人的人生都是自己的，大凡成功的人生，都是主动的人生。很多人活着，往往非常被动。他们不愿意主动付出，只是被动地等待安排。可以想象，这种人的人生注定与成功无缘。不管做什么事情，我们都应该采取积极主动的态度。尤其是对待工作。大多数人都觉得工作是为老板付出，实际上，你没有为任何人付出，只是在为自己的前途而努力。因而，从现在开始，就把“要我做”变成“我要做”吧，你一定会有惊喜的发现。

积极主动的人生，就像一团火

每一个人的生命都如同熊熊燃烧的火焰。主动的人生，更是能够融化坚冰。和这些积极主动的人生相比，被动的人生则显得“奄奄一息”。因而，如果你想要获得成功，想让自己的一生更加绚烂，就要调整心态，拒绝被动地等待，不管做什么事情，都主动去做吧！

生活中，有些人总是缺乏规划，即便对于人生，他们也是抱着听天由命的态度。注意，听天由命和主持人孟非所主张的随遇而安是不同的。听天由命，是完全的被动；随遇而安，则是努力之后的顺从和坦然。当你做一切事情都要等待父母的安排，等待领导的安排，可以预见你的人生必然乏善可陈，你在工作上的表现也会令人尴尬。一个积极主动的人，总是从小开始就表现出与众不同。他们从很小的时候就开始主动学习，成为学习的主人；在长大之后，又积极规划，成分命运的主人；在通往成功的路上，他们更是不断地进取，胜不骄败不馁，始终保持积极的状态。他们给予所有人相同的印象——他们是一团热情的火。

积极主动不仅表现在对人生的把握上，也表现在人生的态度上。诸如，一个积极主动的人不会拒绝他人的帮助，因为他知道他需要别人的帮助，也会在别人需要的时候给予别人慷慨的帮助；他们从不会因为朋友提出的中肯建议而与其反目，因为他们知道忠言逆耳、良药苦口，只有真正的朋友才会慷慨地给予他们建议。他们也从不悲伤绝望，即便人生的路途漫漫，让人分不清楚方向，他们也依然勇往直前。正是拥有这样的积极心态，使得他们能够敞开胸怀拥抱人生，也能够得到人生慷慨的馈赠。有人说积极主动，就是要有进取心；我认为，积极主动，也要有平常心。生活中不难见到有些人原本还是乐观的，一旦遭到挫折，就会马上变得垂头丧气，根本不知道如何面对接下来的生活。不得不说，这样的人的人生是苍白的。真正的强者，就像高尔基笔下的海燕一样，能够顶风翱翔，从不气馁。从现在开始，就让我们积极主动地面对人生吧，就让我们拥有生命的“熊熊火焰”吧！

邰丽华出生于湖北宜昌。2岁的时候，她突然接连发高烧，因为情况危急，医生给她注射了链霉素。从此之后，她就失聪了，她的人生也因此而寂寞无声。无疑，她的童年生活因此而变得不同，她活在无声的世界里，和小伙伴们的交流都无法进行。然而，这一切并未阻止她努力地像正常人那样生活。15岁那年，她开始学习舞蹈。由于听不到音乐，她不得不依靠老师的脚步踩踏在地板上的震动，来感受节律。从此，她沉浸在舞蹈的世界里，不能自拔。她自己将这样的舞动，称为“看得见的音乐”。她想要用这样的方式，来表达自己内心深处对于生命的渴望。

从此之后，她开始勤学苦练。每天除了睡觉和吃饭之外，她几乎都在不知辛苦地练习舞蹈。最初，她因为没有基础，每次只能原地转几圈。然而，经过刻苦训练，时间刚刚过去半个多月，她就进步神速，居然能原地转二三百圈了。老师原本已经放弃，看到她这么勤奋，心中重新燃起了希望的火苗。每次，当小伙伴们结束训练，她却依然独自留在空荡荡的排练室里汗流浃背地练习。她是那么娇弱，又是那么坚强。她从未觉得训练是辛苦的，因为她坦然接受这一切，甚至主动拥抱苦难。无论外在环境多么动荡不安，她的心始终宁静平和。她知道，她必须接受这一切，她不能不跳舞。终于，她于2003年3月在波兰隆重亮相。当人们看到她以整个心灵表演的舞蹈《雀之灵》时，现场的观众们全都震撼不已。而当听说表演者是个失聪的姑娘时，观众们全都感动地流下了泪水。此后，她先后去20多个国家进行了数百场演出。她所饰演的孔雀，打动了全世界观众的心。

人生很奇妙，充满着各种各样神奇的事情。我们无法决定自己的出生，但是我们应该感谢命运，让我们来到世界上走一遭。在这个熙熙攘攘的世界上，我们用眼睛见识一切。因而，不管你是美还是丑，不管你是健康还是残疾，都感谢给予你生命的父母吧。是他们，给了你与众不同的生命，也给了你体验这个世界的机会。

面对生活的挫折和磨难，永远也不要抱怨。因为你的抱怨非但于事无补，反而还会导致一切事情更加糟糕。当你对抗厄运的时候，也许厄运会更加变本加厉。相反，当你坦然接受厄运，并且毫不抱怨地改变厄运时，厄运就会成为命运对你最好的磨砺。

人生如戏，你演好自己了吗

生活中，人们总是感慨浮生若梦。的确，人生说长很长，说短很短。短得如同白驹过隙，长得让人盼不到头，甚至令人产生了厌世的情绪。尤其是在经历大的灾难或者打击之后，人生如戏的感慨会更加深重。在一声声叹息中，我们根本不知道自己应该扮演怎样的角色了。

人生如戏，你演好自己了吗？面对这个问题，也许有人会说，我不需要演好我自己，因为我本身就是我自己。那么我们要说：“你的确是你自己，但是你未必知道如何扮演好自己。”每个人在生活中都扮演着各种各样的角色，一个人往往有着不同的角色。例如，一个女孩从出生开始，就是女儿，是孙女或外孙女；等到长大了，去了学校，就变成了学生；再到长大成人，嫁作他人妇，就成为妻子，成为婆婆的媳妇；再到生儿育女，就成为母亲。当然，这还只是在家庭生活中的角色。如果深入到职场上，她也可能是初入职场的新人，是上司的下属，到了中年得到晋升之后，又称为别人的上司。总而言之，她一生的角色都随着光阴的流逝在不停地变化。你，有充分的把握扮演好自己的每一个角色吗？

自从结婚之后，若男和婆婆的关系就不是很好。婆婆年轻时就开始守寡，辛辛苦苦地把儿子抚养长大。因而当看到若男这个准儿媳时，婆婆就将其当成假想敌。从恋爱到结婚，婆婆几乎从未给过若男好脸色。然而，真爱无敌，若男还是义无反顾地嫁给了她儿子。

这不，眼看着中秋节要到了，若男和老公周凯有三天假期。对于去谁家过节的问题，他们很早就讨论过，最终得出的结论是陪伴婆婆。毕竟婆婆单身一人，更觉得孤单。为此，若男早早就开始准备回婆婆家的事情，她还细心地给婆婆带了她最爱吃的腊肠。

到了婆婆家，若男对婆婆百依百顺，但是婆婆依然对她鼻子不是鼻子，脸不是脸的，这让若男万分不解。就这样不快地度过了三天假期，若男才闷闷不乐地随同老公一起回到自己的家。后来，若男在与妈妈打电话的时候，说起了婆婆的反常。妈妈突然问若男：“你家平日里都是周凯做饭，到了婆婆家，你们俩谁做饭？”若男毫不犹豫地说：“当然是周凯啦，我又不会做饭。”妈妈恍然大悟，说：“这就对了。你呀，总是这样没心没肺的。你也不想想，周凯是你婆婆含辛茹苦地含在嘴里养大，你却当着你婆婆的面，对周凯颐指气使，让周凯伺候你，你婆婆能不心疼儿子，能不生气吗？！”妈妈的话一语点醒梦中人，若男茅塞顿开，说：“难怪我看三毛写的书里，她每次一和婆婆见面就如临大敌呢？！而且，荷西在妈妈面前也对三毛完全不一样了，幸好周凯还没有故意指使我做事！”后来，若男每次再当着婆婆的面，都扮演一个贤惠的妻子，再也不敢指使周凯干各种活儿了。

在父母面前是乖乖女的若男，以为婆婆也会像父母和丈夫那样疼爱她，因而在婆媳关系上，她除了尽心竭力地想要讨得婆婆的欢心之外，并没有其他的策略。因为她太没心没肺了，到了婆婆家依然让周凯做饭，最终惹恼了婆婆，对她不理不睬。也难怪婆婆会生气，就像妈妈看到女儿伺候一家老小会觉得心疼一样，婆婆看到儿子伺候媳妇只会更加心疼。因而，作为女性朋友，不管平日里多么心安理得地享受丈夫的宠溺和疼爱，在婆婆面前，都要马上由小鸟依人变成恭顺贤良，贤惠能干。唯有如此，才能让婆婆放心你的确是个称职的好儿媳妇，也配得上伺候她的儿子。尽管这话听起来有些重男轻女，但是既然婆婆是你丈夫的妈，你就要想方设法与她处好关系，这也是让家庭和谐幸福的重要方法。

每一个不同的角色，都会给我们提出不同的要求。在这种情况下，我们必须及时改变和调整自己的心态，才能更好地扮演好自己的角色。

你的价值，决定你是否抢手

现代职场，竞争异常激烈。要想获得领导的赏识，同事的认可，并非是一件容易的事情。然而，说到底职场拼的还是实力。为什么有些职场人士根本不需要自己四处奔波找工作，就会经常接到猎头的电话，就是因为他们有实力，名声在外。因而，当你抱怨自己四处奔波却找不到合适的工作时，不如努力提升自己的能力，提高自己的素质，从而让自己具备更高大的价值。如此一来，你自然会从默默无闻变得异常抢手。

人在社会上的地位是由其价值决定的。一个有价值的人，一个能够为公司创造价值的人，自然会得到领导的青睐，甚至得到其他公司抛来的“橄榄枝”。相反，如果一个人没有价值，也不能为公司创造更多的价值，那么哪怕他每天都忙碌地四处奔波找工作，也未必能找到合适的工作。这就解释了当今职场上的一个奇特现象，即有些人四处找工作，而有些人则面对找上门的好工作还要费心推辞。毫无疑问，每个人都想成为职场上抢手的人。然而，这可并不是想想就能实现的。最重要的是，我们必须展示自己的实力，成为公司的永久动力，为公司的发展尽自己的一份力，这样才能从诸多人才中脱颖而出。

小张和小王是一起进入公司的。初入公司时，他们都是毫无工作经验的大学生，因而都非常勤奋、努力。遗憾的是，过了一段时间之后，小张渐渐感到疲惫，因为觉得自己的付出更本没有得到应有的回报。尤其是看到很多老员工虽然每天都很清闲，却依然拿着高工资时，他更是忿忿不平。为此，他几次在小王面前说：“受不了了，我一定要离开这个破公司，找到更好的工作。”小王平静地说：“是啊，这个公司的确不怎么样，老板还很抠门，只给咱们这么少的工资，却分派这么重的工作给咱们干。不过，我觉得要是你现在离开，并不是最佳时机。”小张疑惑地问：“为什么呢？什么时候才是好时机呢？”小王故弄玄虚地说：“你想啊，咱们来这里两个月，一个单子也没签。要是咱们现在走了，公司没有任何损失啊，每个月付出的那点儿薪水，也只能勉强当作我们付出劳动力的报酬。我觉得，咱们应该光明正大地走，应该风风光光地走。你想，如果咱们把业绩做上去再走，不但能够让公司因为失去咱们而蒙受损失，而且我们自己也有一些成功的经验，可作为再次求职的资本。”

小张觉得小王说得很有道理，因而连连点头。接下来的三个月，他们俩约定开展竞赛，看看谁能抢先把业绩提高，从而得到领导的重视。因此，在接下来的三个月里，小张和小王全都废寝忘食，不知疲倦。小张在一个月之后就成功签单，小王则在第二个月的时候接连签了好几个单子。至此，领导们再也不小看小张和小王了，每次开会，领导都会特意表扬小张和小王的业绩，有的时候还会号召其他同事向他们两个人学习！

随着业绩不断提高，小张和小王的收入也步步高升。当小王笑着和小张提起跳槽的事情时，小张赶紧说："哎呀，我越来越喜欢这份工作了，而且待遇也很好，领导也很赏识咱们。咱们还是踏踏实实地继续干下去吧，我相信在不久的将来，咱们只要坚持不懈地努力，就一定能够得到晋升。"

原本在公司里默默无闻的小张准备辞职，小王却巧妙地用语言激发了小张的进取心，让小张再也不动辞职的心思，转而努力提升自己的实力，把自己的辞职变成公司的损失。正是在这个过程中，小张和小王一起挖掘自身的潜力，弥补因为缺乏经验导致在工作中的短板，最终成功提升业绩，提高能力，使自己成为公司中不可多得的人才。对于这样的现状，小张俨然非常满意，对辞职的事情绝口不提了。

不管是在生活中，还是在工作中，每个人的地位都是由其价值决定的。如果你没有价值，那么公司的老板当然不会高看你一眼，甚至还会因为你能力不足而辞退你呢？！由此可见，要想得到老板的重视和赏识，最重要的不是抱怨，而是努力。只有当你努力地证明自己的实力，证实自己是不可多得的人才，以实际行动告诉老板你对公司有很大的价值，你才能真正得到老板的重视，让自己有更多的发展机会。

主动工作，才能吸引老板的眼球

为什么有些人把工作做得风生水起，虽然是在给老板打工，但是却创立了自己的事业。但是有的人对待工作却始终三心二意，无法提起精神来全心全意地对待工作，最终导致连工作都保不住，只好在被辞退之后四处奔波找工作呢？这是因为每个人对待工作的态度不同所决定的。

有些人总是把自己当成打工者，工作就是当一天和尚撞一天钟，哪怕在工作上多付出一点点的努力，也会觉得自己吃亏上当了。还有些人，他们从来不觉得是为老板工作，而是把工作当成是自己的事业。虽然最终老板是最大的赢家，但是他们依然愿意为了工作不遗余力地付出，直到事业到达辉煌的顶峰。如今，有很多职业经理人都会被猎头看中，被游说跳槽。这样的职业经理人，无疑是非常抢手的。因为他们很敬业，能够为公司带来巨大的收益，所以才能得到诸多公司老板的赏识。很多情况下，说话是很简单的事情，只需要动动嘴皮子就行。但是工作却是要脚踏实地地做出成绩的，并不是凭借三言两语就能证明自己实力的。从现在开始，就让我们把被动工作的心态转化为主动工作的态度吧。只要你坚持不懈，持之以恒，相信在不久的将来，老板一定会慧眼识英雄，交给你更重要且艰巨的任务。尤其是现代社会有很多私营公司，为了留住能干的人，往往会给予优秀员工一定的股份。在这样的情况下，跟你自己当老板又有什么区别呢？

有一家知名的金融公司，很多金融专业毕业的应届大学生都想进入这家公司工作。然而，这家公司的门槛很高，即便是实习，也需要过五关斩六将，根本不是想留就能留的。莹莹如今就是这家公司的实习生。在获得实习生资格时，她可谓使出了浑身解数，不但要参加笔试、面试，还要参加复式。就这样，莹莹和其他7名大学生一起，进入了这家公司。

刚开始时，大家都很难一下子从学生生活中摆脱出来，融入这种快节奏、强压力的生活。因而，很多人都想要打退堂鼓，甚至放弃留下来的机会。唯有莹莹，不管身边的同学们说什么，她都抱定一个想法：“尽力而为。”为此，虽然承受着巨大的工作压力，莹莹还是非常努力地主动帮助那些老员工处理杂务。有的时候，主管临时接到工作任务安排不出去，莹莹也会主动申请加班。总而言之，在6个月的实习期内，莹莹几乎从未有一天睡过踏踏实实的觉，总是清晨早早起床去办公室，做些力所能及的事情。更没有按时下过班，她总是对那些有家庭负担的同事说：“你们先走吧，这点儿活儿交给我来做，反正我回家之后一个人也无聊。”没有人知道，她有很多次都在公交车上昏昏欲睡。

有一次，同是实习生的一个同事因为下班之后有事，便把自己完成了一半的表格交给莹莹做。虽然莹莹也很累了，但还是应承下来。做完表格之后，莹莹只检查了自己做的那一部分，就上交了。结果，同事负责的前半部分表格出现失误，导致客户差点儿蒙受严重的损失。在主管追求责任时，同事把责任都推卸到莹莹身上，莹莹尽管觉得委屈，却说：“这的确是我的过错。我会仔细检查的，保证今后再也不犯这样的错误。”看到莹莹被主管批评，那个同事一声不吭。后来，主管知道事情的真相后，又想到莹莹丝毫不辩解只是承担责任的态度，不由得对莹莹刮目相看。

转眼之间，实习期就要到了，主管向上司极力推荐莹莹。最终，莹莹如愿以偿地留在了这家公司，而当其他的实习生表示不公平时，主管底气十足地说：“你们谁自认为比莹莹更努力，更主动地工作，我就把谁留下来。”同事们全都沉默不语，因为他们自知根本不曾像莹莹那样主动工作过。

作为举世闻名的钢铁大王，卡内基曾经说：“这个世界上有两种人注定与成功绝缘，一种是必须别人逼着他去做，他才去做的人，另一种是即使别人逼着他去做，他也做不好的人。一个人如果没有主动的精神，不管什么事情都要等到别人催促，就会错失很多机会。而那些积极主动的人，只要有着顽强不屈的毅力坚持下去，每天多努力一些，就会获得超出别人预期的成就，这是命运的馈赠。”

面对成功，每个人都是公平的。因为人人在通往成功的道路上，都要付出极大的努力。大凡能够获得成功的人，都是积极主动地面对人生、改变人生的人。他们不但对自己高标准、严要求，而且从不会因为工作的劳累怨声载道。即使老板再苛刻，他们也会尽力达到甚至超过老板的要求，对于这样的人才，老板怎么会不赏识、不认可呢？如果站在老板的角度来看，他们最渴望得到的员工，就是那些能够把工作作为事业，积极主动发展事业的员工。此外，就是那些能够在他的安排下把工作做好的员工。毋庸置疑，没有任何老板愿意雇佣懒惰的员工，更不喜欢看到那些即使安排好工作也不知所措的员工出现在他们的公司里。主动工作，你不但能够占据先机，还能得到老板的赏识，何乐而不为呢？！

越是宽容的老板，越该从严要求自己

很多职场人士都抱怨自己的上司或者老板要求太严格，简直就像凶煞一样恨不得把所有的下属都治理得服服帖帖的，才能够按部就班地完成工作。因为每个人都有逆反心理，所以这些员工总是情不自禁地要与上司或者老板对着干，叫他往东，他偏往西，虽然得不到什么好处，但就是觉得好玩。实际上，不管是职场还是官场，都是官大一级压死人的。在这种情况下，胳膊根本拧不过大腿，我们作为“小虾米”，有何必与“大鱼”拧着干呢？！聪明人不会故意与上司或者老板过不去。既然工作早晚都要干，老板安排或者不安排，工作就在那里，等着你去干，你还有什么必要与老板玩藏猫猫的游戏呢？！在同样的结果下，聪明人会选择主动地完成工作，甚至为自己制定比老板更严格的要求。如此一来，你虽然付出了同样的努力，却更容易得到老板的赏识，因为你没有让老板逼着你去干，而且还充分发挥了主人翁的态度，给予了自己主动权。当然，如果你能做得比老板要求得更好，那么结果会更加让人欣喜。

现实的职场上，很多人都在抱怨老板，而那些能够先于老板给自己提出高标准、严要求的人，大多数都已经升职了，成为老板的左膀右臂。实际上，被动地干和主动地干，对于个人而言，付出的努力相差无几。为什么他们的结果如此悬殊呢？因为每一个老板都梦想着当甩手掌柜，都想找到一个值得托付的员工把工作安排出去。如果有一名员工不但提前完成了工作，而且完成的情况超出老板的预期，那么他离升职、加薪一定不远了。任何人，都不愿意被强迫。你嫌弃老板唠叨你，殊不知老板也是恨铁不成钢，扪心自问你为什么就不能主动地把工作做好呢？记得上初中时，班级里有个女孩儿非常勤奋好学，到了复习阶段，每天即使老师不布置作业，同学们也能猜测到必定是复习下一个单元的字词、课文等内容。因而，她在完成当天的作业后，常常主动完成第二天的作业，最终复习速度在全班遥遥领先。时间长了，语文老师居然免了她的作业，说她可以主动选择写或者不写，根据自己的掌握情况进行选择。这个特权需要老师多么大的信任啊！为此，其他同学都羡慕不已。不过，这位同学并没有享用这个特权，相反每天更加认真地复习，除了完成老师布置的作业之外，还主动完成更多的作业，让老师感动不已。

不但老师对于学生是如此，老板对于下属也同样如此。你是愿意被老师看着学，还是愿意自主地学呢？你是愿意被老板逼迫着工作，整日痛苦不堪，还是愿意自己主动工作，把凡事都做到最好，得到老板的赏识和认可呢？这是个重要的问题，每个人都要认真思考。

作为公司的老员工，老杨得到了老板绝对的信任。虽然老杨与老板非亲非故，一则是他是与老板一起奋斗拼搏过的；二则是他这个人严于自律，从未让老板监督过他任何事情，因而老板居然在公司发展壮大之后，把公司的财政大权交给了他。对此，他受宠若惊，连连推辞。老板却毫不犹豫地说：“别说了，全公司我就信任你，对你放心。你就踏踏实实地干吧，把它当成自己家的事情干就行。”

得到老板的认可后，老杨丝毫没有得意，而是更加兢兢业业。老杨的女儿恰巧是学会计的，大学毕业后，她央求爸爸把她安排到那家公司里当会计，不承想，老杨义正词严地说：“不行，你可以去任何公司，就是不能去我所在的公司。老板这么信任我，我怎么能随意安排人进去呢？！”女儿委屈地说：“但是，你雇用谁不是雇啊，为什么就不能用我呢？！我也是正规大学毕业的啊！”老杨耐心地向闺女解释说：“你没听说过当官不带家乡人吗？！你如果去了，就算咱们心里知道自己是坦坦荡荡的，但是架不住别人会跟着说些什么话！到时候我工作上就被动了，如何对得起老板的信任？！”就这样，老杨的闺女虽有一个做财务总监的爸爸，最终还是经过很多次面试，才找了一家公司当了个小会计。

虽然表面看起来老杨有些不近人情，但是恰恰是这份严谨和认真，让老板更加放心地把公司的财政大权交给他。很多职场人士最大的愿望就是遇到一个理解和信任自己的老板，然而，这份理解和信任的分量是很重的。如果我们不能妥善处理好很多事情，就会辜负这份理解和信任，最终导致自己无颜面对老板。因而，聪明的职场人士从来不会拿着鸡毛当令箭，老板越是信任他们，他们就越是严肃认真，一丝不苟地对待工作。由此，老板也会更加赏识他的人品，信任他的工作能力，使人际交往进入良性循环。

每个人都是自己命运的主宰，即使在情况瞬息万变的职场上，我们也要坚持把持好自己，不要随波逐流。任何情况下，我们都要有自己的主见，不被他人的言行左右自己，更不要在危急情况下不知所措。当你能够主动提高要求，严于律己，相信老板一定会在之前的基础上更加信任你，更加愿意给你委以重任。让我们为了拥有美好的未来、成功的人生，而不懈地努力吧！

有眼力见儿，让你处处受欢迎

都是一起进入公司的，或者说对于公司的贡献都相差无几，为什么老板总是喜欢某些员工，而对另一些员工则无论如何也看不顺眼呢？究其原因，并非员工本身的能力或者学识差，而是有些员工情商高，善于和老板相处，而有些员工则情商很低，处处都惹老板生气。那么，老板到底喜欢什么样的员工呢？我们究竟应该怎么做，才能博得老板的喜欢和赏识呢？

其实，假如你把自己当成老板，你就会发现当老板并不是件容易的事情。首先，当老板的总是日理万机，每天都有数不清的事情要处理，还有很多员工会惹出一些突发事件，需要老板处理。作为老板，恐怕最大的梦想就是员工眼里有活儿吧。如果有一天，老板不需要给员工安排工作，员工就能自发地完成自己的分内之事；如果有一天，在遇到突发情况的时候，员工不需要老板下令，就能做出最迅速的反应；如果有一天，很多小事情都不需要老板操心，员工自己就能搞定，那么老板才能更轻松、愉快。

老板最喜欢有眼力见儿的员工。当然，眼力见儿是个俗语，意思就是心思灵活，能够及时做出反应。用书面语来说，就是眼里有活儿的员工。眼里有活儿的员工，即使老板没有及时分派工作给他们，他们也能看到问题的所在，自发主动地去解决问题，完成自己的分内之事。眼里有活儿的员工，不会逮到机会就偷懒，因为他们知道还有很多工作没有做到完美。如果一个员工不仅眼里有活儿，手里也能出活儿，那无异于是最优秀和完美的员工。很多情况下，老板并不需要员工有多高的天赋，也不需要员工多么才华横溢。整个公司的工作就像是一盘棋，而老板则是那个下棋的人。他所需要的是每个棋子都在属于它的位置上老老实实地待着，而且不但不会添乱，还能物尽其用。从前文提到的主动性和被动性的角度来讲，眼里有活儿的员工，一定是积极主动对待工作的。相反，如果一个员工眼里没活儿，或者即使看到活儿了也不愿意主动去干，那么他一定是被动消极的员工，很难在工作上有突出的表现。

当然，需要注意的是，这里所说的眼里有活儿、手里出活儿，并非是让我们刻意表现自己。任何情况下，我们都必须首先完成自己的本职工作，然后再力所能及地帮助他人，做好其他的事情。倘若眼里有活儿离开了这个基础，一个员工放着分内的工作不做，而是去做一些与自己无关的工作以表现自己，那就是舍本逐末，出了力气也未必能讨得到好处。由此可见，要想通过眼里有活儿表现自己，也并非容易的事情。我们从现在开始，就要努力地改变自己，力争让自己成为受欢迎的人。

最近这段时间，公司里的保洁员辞职了。因而每天早晨到办公室，满眼都是乱糟糟的景象。不过，从昨天开始，情况改变了。大家暗自在心里揣测：“是谁做好事不留名呢？”老板也很纳闷儿，因为下属都是踩着点儿来到单位上班的，谁能趁着大家都不在的时候打扫卫生呢？！

一天早晨，老板早早地来到办公室，想看看到底谁是那个神秘莫测的“田螺姑娘”。大概早晨7点30分时，办公大厅传来轻轻的脚步声。老板凝神细看，却看到刚来公司几天的阿雅正在拿着抹布擦桌子，旁边还放着扫帚、拖把等。老板不由得暗自感慨：“这可真是个有眼力见儿的员工啊！”她虽然应聘的是前台文秘，其实对于办公室主任的职务，也并非不能胜任。只要有心，处处努力，总能得到提升。在招聘的新保洁员到岗前的这段时间里，一直都是阿雅每天早晨早早地来打扫，赶在同事们来上班之前离开办公室，这样除了老板之外，没有任何人知道“田螺姑娘”是谁。

经过3个月的试用考察，老板确定阿雅是个有眼力见儿的好姑娘，因而破格提升她为办公室主任，专门负责办公室的相关事宜。至于阿雅，因为自信自己的保密工作做得好，所以根本没想到老板会提升她。不过，没有人会拒绝更好的前途，更不会让好机会悄悄地溜走。没过多久，阿雅就凭着机灵和勤奋，把自己的工作越做越好。

能够完成分内工作的员工，无疑是个称职的员工。然而，一个优秀的员工只完成分内之事是远远不够的，还要有眼力见儿，眼里有活儿，能够主动完成分内之事以外的工作。这样的员工，才能成为公司的主人，以主人翁的态度，最大限度完美地完成工作，而且极力提升自身的各种能力。

如果一个员工不但眼里没活儿，而且还很排斥分外的工作，那么他的职业生涯也就离结束不远了。真正优秀的员工，不但能够保证完成分内之事，而且随时准备着做好分外的事情。这样才能实现自身价值最大化。如今，天猫超市的销售力度空前巨大，大有要把京东压倒的气势。天猫超市的快递员在送货的时候，不但要保证能够保质保量地准时送达，而且还要义务地帮助客户家里扔垃圾。如果是没有眼力见儿的人，也许会说："我为什么要帮忙扔垃圾，我是快递员，不是清洁工。"但是换一个角度想，反正你在送快递的时候已经来到了客户家门口，而且下楼的时候已是两手空空，那为何不能辛苦一下，给客户更加良好的购物体验呢？！从这个角度来说，扔垃圾能够树立企业形象，到底是分内之事还是分外之事呢？其实，分内之事和分外之事并没有明确的界限，最重要的就是看你怀有怎样的心态。如果你是一个有责任心，也有荣誉感的人，你会把集体里的很多事情都视为分内之事。

第14章

爱的力量，能够创造生命的奇迹

每一份成功的背后，都充满了爱的力量。虽然现代社会，人们的生活被金钱、物质和名利所充斥着，但是爱的力量从未消失。不管人类社会再怎么发展，爱始终是最伟大的，也是造物主赐予人类最美妙也最珍贵的礼物。爱的力量，能够创造生命的奇迹，能够把很多不可能变成可能。唯有坚持爱，对爱永远不离不弃，我们才能创造辉煌灿烂的人生。

赞美，是你能给予他人最慷慨的礼物

曾经有心理学家经过研究证实，每个人的内心深处最渴望的就是得到他人的赞美。这也是为什么人们总是不喜欢听到批评和否定话语的原因。既然如此，我们为什么不能改变表达方式，让爱和赞美在我们的生活中留下美好的回忆，也创造更多的奇迹。

中国是个讲究礼尚往来的社会，人们彼此之间经常性地用礼物表达情意，从而实现礼尚往来。然而，很多人都不知道的是，良言一句三冬暖，恶语伤人六月寒。如果你做不到经常赞美他人，那么即便给他人送再珍贵的礼物，也难以让他人心情平复。其实，我们所能给予他人的最慷慨的礼物就是赞美。一句真心诚意的赞美，不但能够瞬间拉近与他人的距离，还能帮助我们在他人心目中留下良好的印象。如此信手拈来却又无比珍贵的礼物，何不慷慨大方地送给他人呢？！

别说是成人了，就算是年幼的孩子，也非常渴望得到赞美。如果你是父母，或者你是老师，你就会发现当你口吐莲花地赞美一个孩子时，他充满童真的眼睛马上就会变得熠熠闪光。他很清楚，他得到了你的认可，这满足了他最高层次的需求，那就是爱与尊重。现实生活中，有很多父母和老师唯成绩论英雄，在评价孩子的时候，首先就是看孩子的学习成绩。实际上，一个孩子的品行、性格，都远远比成绩更重要。我们唯有从内心深处认可孩子，才能真正地欣赏他们、尊重他们、赞美他们。

赞美除了能给人们带来莫大的信心之外，还有一个神奇的作用。曾经有人说过，“如果你想让另一个人变成你所期望的样子，那么你就经常按照你所期望的那样去赞美他、夸奖他。日久天长，就会发现他真的如你所期待的那样，变得越来越优秀，越来越符合你的标准。这是因为赞美的巨大力量，让他发生了由内而外的、心甘情愿的改变”。既然赞美如此神奇，你还不准备好好地发挥赞美的超能量吗？！

在拿破仑很小的时候，大家就已经认定他是个坏孩子了。面对着顽劣不堪的他，甚至还有的邻居诅咒他死后下地狱。不管社区里发生了什么坏事情，大家总是第一时间就认为是拿破仑做的。为此，拿破仑越来越变本加厉，因为他知道即使不是他的错，他也总是百口莫辩的“替罪羊”。

后来，拿破仑的父亲又娶了个女人回家。在介绍其他家庭成员时，父亲的语气非常友善，唯独在说到拿破仑时，他简直是恶狠狠的。拿破仑满怀厌恶地看着继母，但是继母却说：“哦，我相信他是一个好孩子。你们不认可他，只是因为你们不了解他，因而还未发现他的优点。”从此，拿破仑的人生被这个娇小柔弱、温柔和善的女人改变了。他不再顽劣，而是努力改正缺点，弥补弱点，勤奋苦读。最终，他从一个顽劣不堪的孩子，变成了举世闻名的成功学大师，最终成为全世界无数年轻人心目中的领袖人物。

继母的这句话听起来的确平淡无奇，然而这样简单的认可，就足以让拿破仑改变对于自身命运的态度。心若改变，世界也为之改变，所以拿破仑彻底变了。我们必须相信，每个人都是有优点的，尤其是天真无邪的孩子，他们更是上帝派来的使者，能够给父母带来无尽的欣喜和希望。同样的道理，每个成人也都是有优点的，即使是看上去一无是处的人，在不为人知的方面，隐藏着让你们钦佩的优点和特长。在这样的情况下，我们必须怀着一颗真诚而又美好的心看待世界，看待每一个人，看待外界的一切，才能让自己的心里也怀着希望。

现代职场上，创业的年轻人很多，初入职场的年轻人也很多。如果我们能够给予处境困难的他们一句真诚的赞美，就会如同春风使得鲜花盛开一样，让一切都变得更美好。正所谓“赠人玫瑰，手有余香”。当他人感到快乐，对你充满感激，你也会变得更快乐。总而言之，如果你想把事情变得更好，或者引导事情朝着积极的方向发展，那么你就要慷慨地赞美他人。相反，批评在任何时候都不能促使人进步，而只会使人感到自卑、胆怯。如果你想让自己身边的世界变得更美好，就不要吝啬你的赞美吧！

善待世界上最爱你的那个人

在这个世界上，最爱你的人是谁？小时候，你认为这个人是爸爸或妈妈；长大后，你认为这个人是你的爱人，或者是你的孩子；假如，你对婚姻感到失望，发生了婚外情，你会一度认为最爱你的那个人是第三者。然而，无数的事实告诉我们，最爱你的那个人，永远是你的妈妈。

生活中，我们常常听人说，“孩子是妈妈身上掉下来的一块肉”。没错！孩子的确是妈妈身上掉下来的一块肉。然而，他又不仅仅是妈妈身上掉下来的一块肉，还牵系着妈妈的心和每一根脆弱敏感的神经。随着时光的流逝，我们渐渐地长大，我们不再像小时候那样全心全意地依赖妈妈。甚至当妈妈唠叨着让我们吃饱穿暖时，我们还会很厌烦。等到我们有了自己的小家，羽翼丰满后，我们还曾觉得妈妈是人生的累赘。直到时光飞逝，不知不觉间就带走了妈妈的满头青丝，让妈妈的背一夜之间就驼了；直到有一天，我们看着那个躺在床上奄奄一息、满脸皱纹的人，我们才猛然醒悟：“世界上最爱我们的那个人要走了！从此，我们再也没有妈妈了。”

还记得小时候，不管是头疼还是肚子疼，总之，遇到任何事情，我们都会向妈妈寻求帮助。似乎妈妈就是这个世界上的“无敌金刚”，又是无所不能的“神仙”，总能把我们的一切烦恼都摆平。往事历历在目，那个世界上最爱我们的人，却已经老去了。也许你现在事业有成，也许你忙于自己的小家庭，不管怎样都不要对那个最爱你的人颐指气使、厌倦或者不耐烦。否则，一旦失去就是一辈子的痛。

大学毕业后，小娜一直想把独居的母亲接过来一起生活。然而，因为她是租住的房子，而且是合租的，很不方便，事情就渐渐搁置了。后来，小娜工作了几年，也没有能力买房子，年纪渐渐大了。母亲最近的电话越来越频繁，几乎每个电话都是在催促小娜快点儿找男朋友，快点儿结婚，小娜刚开始时还耐着性子敷衍母亲，渐渐地就越来越不淡定了，有一次居然在电话里和母亲吵了起来。

后来，小娜打电话的时候母亲不在家。接连打了几次，小娜都没有与母亲联系上，心里不由得着急起来。她赶紧请假回家，等到奔回千里迢迢之外的家里，才发现家里房门紧锁。“母亲呢？”小娜问了邻居后才知道她母亲因为病重，早已住院了。这么大的事情，为了怕自己担心，也为了怕影响自己的工作，母亲却没有说。小娜气急败坏地赶往医院，原本准备冲着母亲发火，但是当她看到那个躺在病床上如同孩子般瘦弱的母亲时，她一句话也说不出来了，眼泪扑簌簌地掉下来。和医生面谈之后，小娜才得知母亲早就知道自己身患肺癌晚期，因而最近半年来才一天紧似一天地催促小娜结婚。她想在有生之年看着小娜成家，有个归宿啊！母亲已病入膏肓，尽管小娜拿出了辛苦积攒几年的积蓄，让医生不惜一切代价挽救她母亲的性命，但她母亲还是在一周之后去世了。小娜懊悔不已，恨自己为什么没有在母亲在世的时候解决终身大事，也能让母亲安心地离去。

如今，小娜一个人在大城市里生活，每当独处的时候，她就会感觉到母亲注视着她的那双眼睛。她知道，母亲虽然离去了，但是依然惦念着她，依然惦念着她的幸福。为了能让母亲安心，小娜开始积极地相亲，想要找一个可靠的人把自己嫁出去。每次相亲，她都会说起自己的母亲。直到有一天，小娜遇到了一个男人对她说："世界上最爱你的那个人去了，我会试着像她一样爱你。"小娜很快就嫁给了他。

不管你是孩童，还是正处于叛逆期的少男少女，都请你善待世界上最爱你的那个人。因为这个人为你付出了全部的身心，为你倾尽了一生。自古以来，中国就有百善孝为先的古训。任何人，不管是高官还是富翁，不管是贫民还是流浪者，都请你努力地为最爱你的人付出时间和耐心，就像你小的时候，她曾经牵着你稚嫩的双手，为你带来光明和庇护一样。

朋友们，当你知道她最爱你，你当然也知道自己该怎么做。对于父母的爱，永远是我们顽强生存的力量，是我们面对困难的勇气，是我们破浪前行的动力！

人品，远远比能力更重要

很多人都认为现代的职场越来越没有人情味，越来越冷漠，因而也就越来越需要拼实力，拼胆识，拼谁更狠。实际上，社会再怎么改变，本质并不会变。从古至今，一个人要想傲然于世，必然要拼人品。虽然能力很重要，但是人品才是人立足社会的根本。一个人就像是一棵树，扎根在土壤里。根基不牢的树，从根部开始就是歪斜的，最终也是歪斜的，根本不能成材。即使枝繁叶茂，也只能加速大树的倾倒。相反，人品好的人，就像是一棵根基牢固的大树稳稳当当地扎根于泥土，不会因为风雨的侵袭而倒塌，最终一定能枝繁叶茂，成为参天大树。由此可见，人品远远比能力更重要。从某种意义上来说，人品决定了我们的人生之路能够走多远。

秦国自古以来就恃强凌弱，因而经常与周边的国家发生战争。有一次，晋桓公率领大军在辅氏与强秦展开战斗，被秦国骁勇善战的杜回打得难以招架。杜回打仗很有些不寻常的意味，他不乘坐马车，而是率领几百个精兵强将拿着斧头，专砍晋军的马腿，把晋军打得乱了章法。正当晋国的大将军魏颗无计可施的时候，突然有个老人不顾一切地冲上战场，仅用一根很长的草绳，就把杜回绊倒了。所谓擒贼先擒王，杜回被抓，导致秦军军心打乱。魏颗带领大军趁胜追击，把秦军打得溃不成军，溃败而逃。

正当大家都在疑惑这位老人是何许人时，老人自报家门。原来，魏颗的父亲魏子武曾经宠爱一名小妾。因为年纪大了，魏子武曾经在得病之初告诉魏颗："等我死了，就让小妾改嫁吧！"后来，魏子武病重，心智越来越模糊，在奄奄一息之际，又对魏颗说："我舍不得让小妾改嫁，还是让她给我殉葬吧！"说完这话没多久，魏子武就撒手人寰了。当时，所有的人都主张让小妾殉葬，小妾吓得瑟瑟发抖，面色惨白。这时，魏颗说："人在病危之际难免糊涂，还是按照父亲刚刚得病时的嘱托办理。"就这样，由魏颗做主允许小妾改嫁，因而救了小妾一命。这位老人，正是小妾的父亲。他很感激魏颗放了他的女儿一条生路，因而特地赶到战场，助魏颗一臂之力。

20世纪初，罗迪开了一家银行，专门为附近的百姓存款。然而，银行开业没多久，在一个圣诞节前夕，罗迪的银行被几个蒙面的歹徒持枪抢劫了。为了保住性命，面对歹徒把银行洗劫一空的罪行，罗迪没有做出任何反抗。次日，消息很快就传遍了各个地方，储户们蜂拥而至，把罗迪的家围得水泄不通。虽然罗迪拿出了所有的积蓄，而且变卖了所有的家产，但是他依然无力偿还储户的损失。最终，他经过详细统计，得出自己欠债1.8万美元的结论，这是250位储户的积蓄。这时，一位银行家提醒罗迪只要他申请破产，就可以免于还债。但是罗迪却说："尽管有这种规定，但是我不能辜负大家对我的信任。不管花费多长的时间，付出多大的努力，我一定要如数偿还这笔债务。"

就这样，罗迪每天做好几份工作，和全家人一起省吃俭用，每当节省出一笔钱，就赶紧拿去还债。为了照顾那些穷苦的人，罗迪还特意列出了还钱的顺序——先还穷人的钱。有一次，当他听说储户中有一对老夫妇的生活困难时，当即冒着严寒前往老夫妇的家里，还给他们钱。直到31年后的圣诞节，罗迪终于还清了250位储户的1.8万美元。这时，他决定再次开办银行为大家服务。得知罗迪要再开银行的消息后，那些老储户们全都从各个地方赶来，把钱存到罗迪开的银行里。很快，罗迪开的银行就发展壮大起来了。

一次偶然的善行，也许就能给人带来很大的福报。魏颗在放小妾改嫁的时候，一定没有想到小妾的父亲居然有一天能够帮助他打一场胜仗。归根结底，是他的好人品，是他宅心仁厚，帮助他得到了回报。古人云，“得道多助，失道寡助”。不管是在浴血奋战的战场上，还是在钩心斗角的官场上，抑或是在斤斤计较的商场上，我们都要保持本心，宽以待人，尊重他人，最终才能得到他人的认可和尊重。

在第二个事例中，罗迪之所以能在31年后重整旗鼓，这与他的人品是密不可分的。在可以免于偿还债务的情况下，他与全家人齐心协力花费31年的时间，还清了每一笔欠款。这样的品行，让所有知道罗迪的人都发自内心地钦佩他。因而当罗迪再开银行时，那些老储户们全都从各地赶来，而且还口耳相传，为罗迪的人品做宣传、做广告，让大家全都信任罗迪，支持罗迪。由此，罗迪的银行才能够迅速崛起，也就不足为奇了。

生活中和职场上，也许有些人处于对短期利益的追求，会不择手段，甚至做出龌龊的事情。如此短见也许能为他们暂时得到利益，但是从长远来看，却只会失去更多，包括他人的信任、尊重等。尤其是在商场上，有很多赚钱的秘诀。然而，成功的生意人，总是靠着赚取人心，才能真正把事业做大。政治场合也是如此，很多人都曾在电视上看过美国总统竞选的报道。毋庸置疑，每一位总统在发表竞选演说的时候，重要的都是得到民众的支持和认可。由此可见，只有拥有好人品，才能在人生的道路上越走越顺畅。

爱情，是心底里的涓涓细流

爱情，是上帝赐予人类最美好的礼物；爱情，就像是生活的调味剂，也像是生活的重心和灵魂。很难想象一个人能够在没有爱情的人生中长久坚持，他的心灵必然会干涸，他的生活必然会乏味。因而，每个人都渴望能够获得爱情，都希望得到爱神的眷顾，拥有幸福美满的家庭。很多东西，越想得到越容易失去，爱情也是如此。所以才会有很多人在爱情的海洋里沉浮，时而幸福得如在云端，时而痛苦得如坠入地狱。

遇到轰轰烈烈的爱情，人们总是情不自禁地沉浸其中。殊不知，爱情的保鲜期很短，也并不能维持很长的时间。真正长久的爱情，就如同心底里的涓涓细流，润物无声。所以请不要被爱情热烈的表象所迷惑吧，你真正需要的是平淡的爱情，是长远的爱情，是永恒的爱情。和一切关系一样，爱人的关系也许是最牢固的，但是也是最脆弱的。一旦爱情消失，爱人的关系就会变幻莫测，甚至瞬间就能改头换面。因而，我们必须用心经营爱情，才能收获爱情的成果。

现代社会，一切都进入快餐化。曾经通信几百封却连面也没有见过的爱情，在现代社会几乎绝迹。大多数爱情，都是快餐式的。说起爱情，也许有很多职场人士会觉得无奈。因为学业和事业的原因，这个社会上出现了越来越多的大龄男女青年，为了爱情，他们开始频繁地相亲。大多数经人介绍的爱情，总是多了几分世俗的意味。例如，有的人在没见面之前，就会从介绍人的嘴里打听对方的身高、体重、学历、薪水、房子、车子等情况。难道爱情与这些真的有关系吗？爱情，从本质上来说是很纯粹的，遗憾的是现在已经被越来越多的条件束缚着。其实这也没错，因为“水中花，镜中月”的爱情总不能长久，一切爱情最终都要落实到柴、米、油、盐、酱、醋、茶上，才能生根发芽、开花结果。既然如此，我们还要如何成全爱情？当你真的爱一个人，你就会发现他的缺点在你的眼里也是优点：他长得矮那是浓缩的精华；他长得高那是顶天立地的男子汉；他长得胖那是粗壮；他长得瘦弱那是清秀。总而言之，爱能给你找出无数理由，让你诚心诚意地爱你眼前的这个人。

大学毕业后，他们就结婚了。她还没有工作一天，就成了全职太太，因为她必须全力支持他创业，实现梦想。转眼间，他们走过了婚姻的七年之痒。一个夜晚，因为要给他煲汤，不小心睡着的她点燃了家。而等他出差后风尘仆仆地回家，看到的却是满地烧焦的残骸。在这场大火中，三岁的女儿因为在姥姥家所以幸免于难，而她，却被大火烧得惨不忍睹。

等到她醒来的时候，已经住医院一个多月了。她的脸上缠着厚厚的绷带，让人不敢直视。她很想看看自己的样子，但是她找不到镜子。原来在她昏迷的这段时间里，他已经仔细地收好了所有的镜子。又过了三个月，她能下床行走了，可以出院回家了。如今这个家已经不再是以前的家了，他重新买了房子，精心设计、装修好。在家里，她依然找不到任何一面镜子。接下来的三年，在他的呵护下，她始终不曾知道自己的容貌到底变成了什么样。在这三年里，她接受了大大小小十几次的整形整容手术，他还曾为她移植了两块健康的皮肤。直到三年之后最后一次手术拆线时，他才小心翼翼地拿了一面镜子给她。她万分惊恐，不知道出现在镜子里的自己将会是怎样的面容。然而，一切都出乎她的预料，镜子里的她皮肤红润甚至比三年前更加美丽娇艳了。

她欣喜地笑了，说：“我真的有这么漂亮吗？”康复之后的她，容光焕发地出现在大家的面前。一天中午，她又煲了汤给他送去，他恰巧在开会。当她在他的办公室等待时却在他办公桌的文件架里看到了一张万分丑陋的照片。照片上的人，真的是看一眼都会让人做噩梦的样子。照片中的人脖子上的胎记告诉她——那就是之前的她。她不由得泪流满面，这三年多来，他几乎每晚都拥抱着她入睡。等他回到办公室里喝着美味的汤时他笑着说："你的容貌再怎么变，都是我心里最好的老婆啊！"

在这个事例中，她在日复一日的操劳中渐渐老去，他却风华正茂，因为事业走入巅峰而春风得意。恰在此时，她还因为大火导致容貌尽毁，好似半人半鬼。幸好，他收起了所有的镜子，不然她肯定会精神崩溃，选择结束生命。也幸好，他每个夜晚都抱着惊魂不定的她入睡，抚慰她受伤的心灵。这，就是爱情。

真正的爱情，不会如同飞蛾扑火般盲目，也不会如同干柴烈火般不顾一切地燃尽，而是如同心底的涓涓细流，缓缓地流淌，滋润我们的心田。

急功近利的人，无法感受到幸福的滋味

现代社会，功利已经成为赫然刻在人们脑门上的两个字，似乎每个人都在为了功利而忙碌着。和几十年前人们的淳朴相比，现代的人们更加直截了当，甚至在争夺功名利禄的时候，连脸都不带红的。为什么人们变得如此赤裸裸呢？曾经的单纯和羞涩去哪里了呢？究其原因，就是因为时代的发展，使得人们越来越急功近利。为了能够争得名利权势，人们再也不愿意掩饰自己，而任由欲望肆意发展。

然而，功名利禄在人生之中只能为你锦上添花，却从来不能给你雪中送炭。举个最简单的例子，当你落难了，曾经因你的权势而巴结你、围绕在你身边的人们，能与你同甘苦，共患难吗？当然不能。只有那些真正关

心你、爱你的亲人和朋友，才会给你雪中送炭，对你不离不弃。在诸多感情中，尤其是爱情，更是掺不得一丝假。这是因为只有爱情才是这个世界上没有血缘关系却有最亲、最深的感情。如果说亲情还有血缘作为维系，那么爱情则一旦变得不再纯粹，就会马上变味，甚至没有其他感情能够起到维持的作用。因而，作为年轻人，虽然一心一意地想要出人头地，想要功成名就，却要牢记：永远不要拿爱情作为赌注，否则必定会输得很惨。

每个人都追求幸福，我们从那些急功近利的人身上，很难寻得幸福的踪迹。大多数真正感受到幸福的人，都是面色平静、内心祥和的。他们坦然面对生活中的得失，从不为了利益而背叛感情。他们才能真正获得生活的馈赠。

曾经，孟子去拜见梁惠王。梁惠王问孟子：“先生，您从那么远的地方赶来，肯定是有什么高见要告诉我吧，这高见必然对国家有利吧？”孟子摇摇头，淡然地说：“君主，您只要做到仁义就可以了，无须时刻把利挂在心上。假如您只记得问我怎样对国家有利；官员只记得问我怎样对家庭有利；百姓只记得问我怎样对个人有利。那么全国上下的每个人都会为了利益而不停地争夺，导致整个国家都会陷入危机之中。如果一个国家拥有1000辆车，那么也许会有100辆车的主人想要杀死君主；如果一个国家拥有10000辆车，那么也许会有1000辆车的主人想要杀死君主。这个比例不可谓不大，只有重仁义，他们才能控制自己的欲望，不忤逆君主的威严，不企图夺得君主的权利和地位。假如一个人缺乏仁义，也许会狠心地抛弃自己年迈的父母。由此可见，对于国泰民安，仁义是多么重要啊！所以，君主只需要谈仁义，而不要把利挂在心上和嘴边。”

在孟子给予梁惠王的忠告中，我们不难看出仁义才是治国之本，才是理家之本，才是一切立足的根本。如果一个国家的人民没有仁义，必然导致国家动荡不安；如果一个家庭成员没有仁义，必然导致家庭的支离破碎；如果一个人没有仁义，就会陷入欲望的深渊，导致自己再也不可能成为堂堂正正的人。可以说，缺乏仁义的人不但会给他人带来严重的危害，也会使自己陷入悲伤和绝望之中，再无幸福可言。首先，被欲望驱使的人是不会得到幸福的，其次陷害他人导致自己良心不安的人，也是不会得到幸福的。唯有更加努力地改变自己，成为自己的主人，成为顶天立地、光明正大的人，才能感受到幸福的滋味。

米林大学毕业后，很想留校。在大四那年，他的导师越来越赏识他，还把自己的侄女推荐给米林当女朋友。米林很犹豫，因为他其实是有女朋友的，就是初中同学、如今已经师范专科毕业的乔乔。为此，米林考虑了很久。当想到乔乔自从走上工作岗位后，总是辛苦地积攒工资，给他贴补生活费用，给他买昂贵的衣服时，他觉得很对不起乔乔。然而，他也深深地意识到这是一个千载难逢的好机会。否则，仅凭他的家庭条件，根本不可能为他争取到留校的机会。

思来想去，米林向乔乔提出了分手。他开始与导师的侄女交往，导师因此更加器重米林。不过，这个叫艾薇的女孩儿，和朴素单纯的乔乔相比，简直有着天壤之别。乔乔不管什么事情都很信任和尊重米林。艾薇呢？因为生长在大城市，又有一个当导师的叔叔，因而根本不把米林放在眼里，总是对米林颐指气使。经过一年多的交往，在米林留校工作确定下来之后，他便与艾薇举行了婚礼。婚房也是艾薇家里准备的，作为艾薇叔叔的导师还送了一辆小汽车给他们。按说米林应该生活得很快乐、很知足，因为他似乎一夜之间就拥有了无数漂泊在大城市的人多年奋斗的一切。然而，他很苦闷。结婚之后，艾薇娇生惯养、任性妄为的本性更是暴露无遗。她甚至从来不愿意和米林回老家，说那农村是个脏兮兮的地方。

如此艰难地维持了三年的婚姻之后，米林终于忍不住提出了分手。但是艾薇却不同意，而且搬出父母和叔叔来给米林施加压力。眼看着自己的工作即将更上一层楼，而艾薇的叔叔又是他的主管，米林只好妥协了。就这样，他的婚姻成为爱情的坟墓，成了他的噩梦。

在这个事例中，米林为了现实环境的诱惑，最终放弃了和他相处多年，且对他一心一意的乔乔，转而与导师的侄女开始谈恋爱。不得不说，这并非是真正的爱情使然，而是充斥着急功近利的初衷。假如米林能够改变想法，相信凭着自己的实力也能够创造美好的生活，那么他的人生也许从此会变得与众不同。最起码他能在爱情中自由畅快地呼吸，能够在为事业拼搏的同时，有尊重他、理解他和爱他的妻子。不得不说，米林现在的人生看似拥有了很多，实际上是空洞，是虚无，是面子工程。所谓酸甜苦辣，只有他自己才是最清楚的人。而且，米林没有任何退缩的余地，即使婚姻生活变成囚牢，他也因为一颗急功近利的心，无法坦然面对得而复失的一切。

米林固然让人同情，也让人憎恨。在这个社会上，我们可以放弃一切，唯独不能出卖自己的心。心，是不会骗我们的。尤其是爱情，更是掺不得任何虚假。我们唯有尊重自己的感情，选择真正与我们真心相爱的人，才能在红尘中携手度过一切的艰难坎坷，始终不离不弃。这，才是幸福的滋味。

吃亏是福，坦然吃亏才能感受幸福

自古以来，很多人都把“吃亏是福”挂在嘴边。的确，人人都知道吃亏是福的道理，但是却没有任何人能够真正做到心甘情愿地吃亏。似乎是出于本能，一旦吃亏，大多数人都会做出必然的暴怒反应。要记得，还有一位名人说过，“生气是拿别人的错误惩罚自己”。因而，当你因为他人的自私自利而吃亏时，如果再生气，就会损失更多。所谓气大伤身，尤其是身体健康一旦遭到损害，就更加得不偿失。当我们明白这个道理后就不会动不动就因为他人的过错而生气，更不会因为他人的错误而惩罚自己。

当我们真正做到了吃亏是福，我们就能提升自己的精神境界，坦然接受生活中形形色色的人，并且与他们友好相处。早在2000多年前，大圣人孔子就曾说过，“以直报怨，以德报德”。这无疑是在告诉我们，我们应该善待那些对我们好的人，这样才能彼此交好。至于对我们不好的那些人，我们则无须把他们的坏处牢记心上，而应该宽容地对待他们，既不必刻意讨好他们，也不必刻意对他们不好，只要像对待普通人那样对待他们就行了。随着时间的流转，人们渐渐地衍生出“以德报怨”的表达。所谓以德报怨，就是对于那些对你曾经不好的人，你也要对他们好。这样，你才能真正打动他们的心，融化他们心中的坚冰，从而与他们交好。所谓多个朋友多条路，这样总比你多个敌人多堵墙来得更好吧。

大多数情况下，人们的胸怀并不够宽阔。因而，很多人在生活中奉行以牙还牙，以眼还眼的社交策略。对此，我们只想说，“以牙还牙固然能够帮你消散一时的气愤，但是从长远来看，却很容易让你们陷入彼此的怨恨之中，从而产生恶性循环”。所谓冤冤相报何时了，尤其是在这个讲究和平与和谐的人际关系的年代，如果你处处给自己设置障碍，那么你的人生就会随时随地遭到局限，根本无法从容地发展下去。当然，这是从理智的角度进行分析的。如果从感情的角度来说，你不原谅他人，他人也不原谅你，最终的结果就是你一看到他人就生气，则你们彼此都不痛快。而你的仇视也许并不会给对方带来任何不快，相反会给你的生活造成极大的困扰。因而，我们说，如果你想要一个人对你好，尤其是一个曾经伤害过你的人，你首先应该主动表现出对他好。这样，你既占据了主动，也为自己赢得了先机，何乐而不为呢？

在办公室里，王姐俨然是大姐大。她不但工作年限长，工作经验多，而且也很有人缘。但是让人疑惑的是，王姐唯独对新来的小丽看不顺眼。不管小丽做什么，作为办公室主任的王姐，都能鸡蛋里挑骨头，挑出小丽的不是来。对此，小丽郁闷极了，甚至产生了辞职的念头。然而，工作很难找，她又不想轻易失去这份工作。思来想去，她找到职场达人——大师姐寻找对策。大师姐弄清楚事情的来龙去脉之后，说：“其实没什么，因为你是新人，所以难免会犯错。我觉得，你作为一个新人，当然没有资本要求办公室主任、大姐大主动对你好。所以，我的对策就是你主动对她好。所谓伸手不打笑脸人，只要你处处尊重王姐，给足王姐面子，相信王姐很快就会对你改变态度的。”

小丽觉得师姐的话很有道理，因而一改看到王姐如同老鼠见了猫一样的做法，而是努力给自己鼓劲，让自己落落大方地面对王姐。有一次，办公室里恰巧只有小丽和王姐在。小丽为自己冲了一杯咖啡，也为王姐冲了一杯咖啡。她还笑着对王姐说：“王姐，我觉得办公室里就你最时尚，而且有气质。你看看，我就是个农村来的土丫头，别说没钱买漂亮衣服，就算有钱，也不会搭配。我总觉得你每天都穿得特别漂亮得体，而且把你衬托得特别高贵。”听了小丽的话，王姐笑得合不拢嘴，说：“你这个丫头平时看着不爱说话，一张嘴还真是招人喜欢啊！其实，衣服只要搭配好，贵不贵倒是其次。”小丽羡慕地说：“那也是好衣服更容易搭配啊，反正，人靠衣裳，衣裳也靠人呢？！我就觉得你穿的每件衣服都特别高档。”很快，小丽就与王姐谈笑风生起来。从此之后，王姐对小丽的态度渐渐地改变了，小丽在工作上也越来越顺利了。

在职场上，最重要的就是搞好人际关系。如果人际关系不好，则会影响工作。如此一来，职业生涯的发展也必然会受到影响。在这个事例中，小丽虽然知道王姐看她不顺眼，还处处找她的碴儿，但是并没有刻意地与王姐对着干，而是在师姐的点拨下，主动向王姐示好。果然，师姐不愧是职场社交的达人，她一句“伸手不打笑脸人”就点醒了小丽。小丽赶紧遵照师姐的指示，先与王姐聊天儿，再慢慢地对王姐好。如此一来，只怕王姐再也不好意思和小丽过不去了。

如果没有利益冲突，职场上的人与人之间应该是友好的合作关系。但是，对于有利益冲突的同事而言，搞好关系就显得更加重要了。毕竟，同事之间要谋求长远合作，而不要为了眼前的蝇头小利就失去做人的原则。真正聪明的人，不管是在金钱上吃点儿亏，还是在精神上和感情上吃点儿亏，如果能够发自内心地坦然接受，一定能让人际关系得到极大的改善。

参考文献

[1]慕颜歌.让将来的你感谢现在拼命的自己[M].苏州：古吴轩出版社，2015.

[2]苏简安.未来的你，终将感谢现在拼命的自己[M].北京：中国言实出版社，2015.

[3]李维文.对自己狠一点，离成功近一点[M].北京：同心出版社，2013.

[4]刘佰龙.心理学与社交策略[M].北京：中国纺织出版社，2014.